JN069372

たぬきの冬

北の森に生きる動物たち

石城謙吉

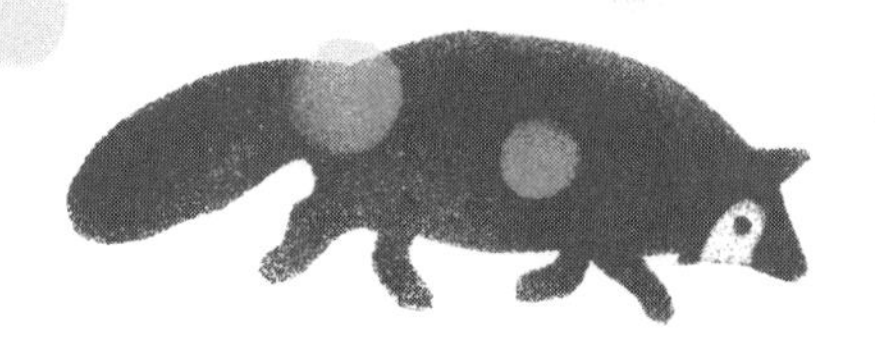

閑人堂

目次

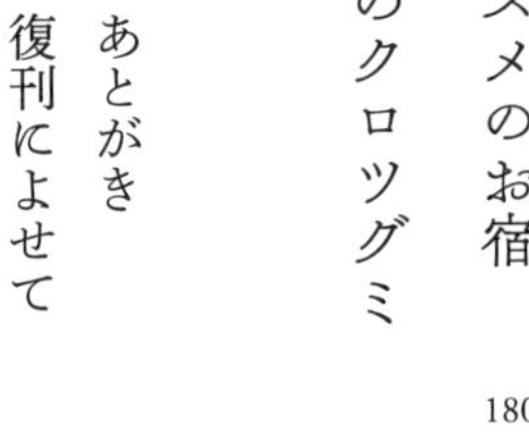

本文挿絵＊石城謙吉

*本書は、一九八一年に朝日新聞社から刊行された『たぬきの冬』に副題を付けて復刊したものです。

*和名、学名、組織名、人物の所属などは刊行当時のまま、表記も原則として原書の通りですが、誤字や一部の表現は著者の了解を得て修正しました。

たぬきの冬

キツネの七変化

ある日のこと、北大苫小牧演習林から札幌の大学本部に出かけた私は、例によって、二十年来の恩師である太田嘉四夫先生の研究室に顔を出した。

するとと先生はちょうど電話に出たところであった。

「エッ、何ですか。キツネの色を聞きたい？」

そこでたちまち、先生一流の単純明快な答えが飛び出した。

「それはキツネ色に焼いたパンの色です」

わからないわけではないが、この答えは論理的に撞着している。別にパンでなくても、なんだってキツネ色に焼けばキツネの色になるわけで、てんで答えになっていない。

だが、どうやら新聞記者らしい相手の人は気を呑まれてしまったのか、それで納得したらしい。むろん、先生もそれで澄ました顔をしているが、私は先生のそういうところにいつもはらはらする。

たしかにキツネの体色はトースターで焼きあげたパンの色に似ている。ただ、北海道のキツネは本州以南のキツネに比べて色が明るくて美しいから、しいて先生の言い方を正すならば、それは焼きすぎないように上手に焼きあげたパンの色、といった方がよさそうである。

私が北海道の原野で、このキツネ色の動物にはじめて出合ったのは、まだ大学院生だったときのことであった。

当時イワナの研究に没頭していた私は、二月の初旬に、道東の知床半島の近くのイチャニ川という小さな川で調査をしていた。私は重装備で川に浸って、イワナの稚魚を採集していた。名にしおう道東の厳寒期である。日中にもかかわらず、水から取り上げた稚魚はみるみるうちに短い鉛筆のように固く凍ってゆく。しかし、渓流の魚の世界に、何とかしてはいり込みたい一心の私は寒さを忘れて夢中だった。

そのときであった。ふと気がつくと、二〇メートルほど先の雪に閉ざされた森の中に、一頭のキツネがいたのである。

凍てつく寒さの中で、キツネはじっと私を見つめていた。私はこのときのキツネの印象を、今でも忘れることができない。なんという野性的な美しさだったろうか。

赤褐色、というよりも紅色を帯びた黄金色のふかふかとした毛並み、衿から胸元を飾る真白な毛、しなやかな体にバランスを与える太い尾、そして、私を見つめる琥珀色の瞳は燃えるように輝いていた。

流れのなかに立ちつくして思わず見とれていた私は、気をとりなおして写真を撮ろうとし、川岸のザックに手を伸ばしかけた。

すると、赤毛の野生動物の体が一瞬跳躍し、紅色の光芒と化したかと思うとたちまち森の奥深くに姿を消してしまった。瞼の裏に、キツネ色の余韻だけが残った。

ところで、キツネの色はみなキツネ色だろうか。

私の手もとにはいま、三〇枚ちかいキツネの毛皮がある。標本用におりにふれて手に入れてきたものであるが、産地は道北、道東、それに道南とさまざまである。どれもキタキツネと呼ばれる北海道のキツネであることにかわりはないのであるが、しかし、これらの毛皮にはどうやら産地の特徴が現われているようである。道北地方のものは一般に大型で、色はやや淡くて黄色味を帯びているように見え、これにたいして道東からのものはやや小型であるが、色は紅がさして美しいものが多いようである。また道南のものは、さらに小型で色は褐色味が強い。

キタキツネ

これらとはべつに、わが家にはギンギツネの衿巻きが一本ある。こちらは妻の持物である。ギンギツネというといかにもぜいたくなようであるが、わが家のはそれほど高価な上物ではない。実は大学院を終ったばかりの年、高校の非常勤講師のアルバイトをしていて、年末に思いがけずボーナスを貰った私は、わが家の貧しい家計も省みずその全額を投入してこのギンギツネを買って帰り、妻をあわてさせたものである。

さて、そのギンギツネであるが、これはむろんキツネ色ではない。青味を帯びた墨灰色の綿毛が密生する上を、光沢のある長くて黒い刺毛が覆っていて、その刺毛の先の白色部が黒々とした毛並みの上に霜を置き、全体として美しい銀色を呈している。

このギンギツネは二十世紀の初頭以来世界各地で養殖が行なわれていて、わが家のささやかな衿巻きもむろんその養殖物であるが、しかしミンクのサファイヤやダークなどと違って、ギンギツネは人間が品種改良によって作り出したものではない。野生のキツネのなかにときおり見られる色変わりなのである。それにしても、同じ種類の動物でありながら、ギンギツネと普通のアカギツネでは、ずいぶん色が違うものである。

しかし、もともとキツネという動物は、哺乳類のなかでも、同種内の色相変異がもっともいちじるしいものなのだ。

中国では古くから、狐には七族があり、さらにそのほかに白狐があるとされている。七族としてあげられているのは玄狐、青狐、友狐、沙弧、火狐、草狐、赤狐であるが、ただしこのうちの沙狐と、七族外にあげられた白狐は、キツネとは別の種類の動物で、前者はスナギツネ（*Vulpes corsac*）、後者はホッキョクギツネ（*Alopex lagopus*）である。

だがここにあげられたその他のものは、すべてキツネ（*Vulpes vulpes*）のなかの色相変異である。

玄狐というのはいわゆる黒ギツネ、尾の先端が白いほかは全身漆黒色のものを指し、洋の東西を問わず、キツネの毛皮中の最上品とされている。

以下、青狐はいわゆる銀ギツネ、友狐は日本で三毛とか十字と呼ばれる、頭・肩・背中が黒または黒褐色、胸元が白、他は赤褐色のものである。その他の火狐、草狐、赤狐はいわゆる赤ギツネであるが、このうち火狐は鮮やかなチェリー・レッドを示すもの、草狐は全身黄色味を帯びたもので、最後の赤狐がいわゆるキツネ色のキツネであって、毛皮屋さんにはもっとも安く扱われるものである。

そのほか、日本でいうお稲荷さんの白狐などもキツネのアルビノ（白子）であるから、これも加えるとキツネはまさに七色の動物ということになりそうである。かならずしもキツネ色ばかりがキツネの色ではないのである。

しかもこうしたさまざまな色相の違いは、キツネがいくつもの種に分かれているからではなく、みなキツネというひとつの種の枠の中に見られるものなのである。このことは長い養狐の歴史のなかで、銀狐、十字狐、赤狐などの交配が自由に行なわれ、その結果生まれる子供がまったく正常な繁殖能力を持つことが知られている事実からも、疑う余地がない。

では、キツネという同じ種類のなかに、こんなにも多くの色相変異があるのはなぜだろう。

そこで考えられるのは、キツネという動物の、種としての類いまれな若々しさと柔軟さである。

キツネは北半球のすべての地域にいるといっていいほど、分布域の広い動物である。彼らの分布は、ヨーロッパ全域、アジア、アフリカ北部から北米大陸にまでまたがっている。広く哺乳類の世界を見わたしてみても、これほど広汎な地域に生息している種類は、まずなさそうである。しかもこの広大な分布圏の中で、彼らのあるものはツンドラ地帯に、あるものは砂漠に、またあるものは亜熱帯林の中で暮しているのだ。キツネという動物は、このように広い地域のさまざまな生活環境に巧みに適応しつつ繁栄している若々しい一族なのである。

そして、彼らのもつ若々しい柔軟さのもうひとつの現われが、形態面にみられる多様性なのではないかと思われる。

北海道では最近、キツネに関する話がずいぶん多いようである。新聞の地方欄などに、どこそこで人間と仲良しになったキツネが現われたとか、毎日のように人家を訪れて餌を貰うキツネがいるとかいった記事が、しばしば載っているのが目につく。昔はあまり聞かなかったことである。いったい、何が起こったのだろうか。

それに一方では、このごろ北海道のキツネは増えてきているのではないか、という声がある。

たしかにキツネは、どうみても増えているようである。北海道の狩猟統計をみると、昭和四十年頃までは、年間のキツネの捕獲数は一〇〇〇頭以下であったが、その頃から捕獲数が多くなり始め、四十五年以後は飛躍的に増加して、五十年には五〇〇〇頭をこえるまでになっている。

この捕獲頭数の増加は、ハンターの増加や狩猟方法の変化なども関係のあることで、そのまま生息数の増加には一致しないかもしれないが、道内の古くからの猟師たちの意見も、キツネの増加では一致しているようである。

さらに石狩支庁管内の捕獲頭数を見ると、昭和四十四年度には三六頭だったものが、五十年度には三七〇頭にもなっている。これをみると、キツネの増加は原野や森林の奥でというよりも、よくひらけた農村地帯や都市近郊でいちじるしいかのような印象すら受ける。やはりキツネの世界に、何かが起こっているように思われるのである。

人と仲良しのキツネが現われるようになったということと、キツネが増えてきたということのふたつのことの関連に、私は大きな興味を持っている。それはキツネが増えてきたから人間との接触が多くなったということではなく、キツネと人間社会のかかわり方に変化が起こった結果として人に馴れたキツネがよく現われるのであって、その新しい関係のなかに、最近のキツネの増加の原因がひそんでいるように思われるからである。

キツネは本来野ネズミ類や鳥類などをおもな餌とする捕食者（プレデター）である。かなりの雑食性もあってノブドウやコクワなどの果実もよく食べるし、また場所によっては、夏期には昆虫ばかりを食べて過ごしたりもするようであるが、基本的には彼らは中型の肉食獣として進化してきた動物である。

このキツネたちは北海道に和人がやってくる以前の時代には、同じイヌ科のオオカミやタヌキと共存して自然の中に暮していて、アイヌ民族の人たちにとってはべつに重要な獲物でもなければ、またとくに害獣でもなかったようである。要するに、たいして利害を伴うような関係ではなかったらしい。

北海道のキツネが人間社会に深くかかわるようになったのは、なんといっても和人がきてからのことである。

狩猟と採集をなりわいとして暮していたアイヌ人と違って、農耕文化を背負ってきた和人は森林を伐り開き、これを耕して農業を始めた。

これはむろん、キツネにとってはすみ場所をせばめるものであったに違いない。しかし本州のような徹底した土地利用の行なわれなかった北海道の農村地域は、キツネを山奥に追いやることはなかったようである。逆に、開拓農家の周囲で飼われるニワトリ、ウサギやヒツジの子などの家畜が、新しい食物としてキツネに目をつけられることになった。こうして開拓時代の農家にとって、キツネは油断も隙もならない害獣となったのである。

しかし時代が進んで、北海道で人工造林が本格的に行なわれるようになるにつれて、キツネは一方では野ネズミの天敵としての評価を受ける身になった。

北海道の人工造林事業が本格化するにつれて、その中心的な樹種となってきたのはカラマツであったが、そのカラマツ造林地にエゾヤチネズミの大害が出たのである。

もともとの北海道では天然林と湿地帯にまたがって生息していたエゾヤチネズミが、造林地という思いがけぬ広大な生息適地を与えられて大発生し、その造林地に植えられたカラマツという外来樹種がまた、彼らの好物となって、晩冬期の積雪の下で齧られたのだ。地表に近い部分の樹皮を環状に齧り取られたカラマツの若木は、その年の春には何とか芽を吹くものの、葉で合成した養分を根に供給する通路の篩管部を食べられてしまっているため、秋には無残な枯れ姿を造林地に曝すことになる。

そこで、このカラマツ鼠害の防除対策が論じられるなかで、エゾヤチネズミの天敵としてのキツネの役割が動物学者から指摘されるようになった。キツネは家畜泥棒とカラマツ林の保護者という、相反するふたつのレッテルを貼られることになったのである。

しかし、これはどちらも捕食者としてのキツネの活動に起因するものであった。人間の進出によって北海道の多くの哺乳類が後退していったなかで、キツネは人間の活動圏内になんとかふみ止まり、捕食者として人間の生活にかかわったのであった。

ところがここ二十年ほどの間に、人間社会の側には大きな変化が起こり、それはどうやらキツネにも無関係ではなかったようなのである。

昭和三十年代の後半から、日本の政治が高度経済成長政策を基本として進められるようになると、北海道の農村には農業構造改善事業計画なるものが持ちこまれた。これは要するに、弱小農家をふるいにかけて淘汰し、残された農家の大規模経営と機械化を進めて、農業生産の効率を高めようというものであった。

こうした政策が進められる過程で、当然のことながら、北海道の農業からかつての自給自足の側面は失われてゆき、その結果、農家の庭先からはニワトリやウサギやヒツジの姿が消えてしまった。卵も肉も毛糸も、農協の店から買ってくる時代になったのだ。農家の周辺で、キツネが捕食者として活動する機会は、ぐっとせばめられてしまったのである。

では、キツネたちがそれで農家の近辺から山奥へ後退していったかといえば、事態はむしろ逆らしいのだ。キツネはどう見てもかえって増えている。それも、とくに人間の居住域の周辺で。なぜなのだろうか。

北大助教授の阿部永さんによれば、最近の農村地帯でのキツネの増加の原因は、畜産廃棄物の増加にある。阿部さんの調べによると、北海道内での家畜の飼育頭数は昭和四十年頃をさかいとして急激に増えてきている。たとえば乳牛の数は、昭和四十年頃には三〇万頭以下だったものが四十九年には五八万頭になっている。ところが、飼育農家の数の方は逆に急激に減少している。つまり、先に述べたような農業政策によって、少数農家による多頭飼育が進められたわけである。

またニワトリをみると、昭和四十年の時点では四〇〇万羽以下であったものが、四十九年には六二三万羽になっている。これも大幅な増加である。ただしこちらの方は、農家の自給自足の栄養源としてのニワトリがいなくなり、大規模養鶏場のタマゴ製造機かトリ肉のかたまりになってしまったといっていい。

そこで、こうした多頭羽飼育の特徴のひとつとしてとりあげられるのは、小規模な飼育にくらべて死肉の排出量が多いことである。いまや、一軒の酪農家から年間に棄てられる牛のあと産（胎盤）の数は三〇を下らない。そして、これは主に冬期間に野外に放出される。また一万羽をこえるような養鶏場では、毎日のようにニワトリの死体が外に棄てられる。

実はこうしたものが、農村地帯のキツネたちの、とくに冬期間の重要な食料となっているのだ。阿部さんの調査結果では、道内の農村地帯のキツネの巣穴の分布は大きな酪農家や養鶏場の分布と一致している。

ここでもうひとつ、現在道立新川高校の教諭をしている三沢英一君の、北大の大学院生時代に行なった調査結果をみてみよう。

彼は北海道内におけるキツネの人為環境への進出の実態を明らかにする目的で、北大苫小牧演習林（森林地域）、札幌市羊ヶ丘（田園地域）、盤溪（市街地周辺地域）の三カ所で、キツネの糞を集め、これを分析してキツネの食性を調べた。いわゆるウンコロジーというやつである。

その結果をみると、キツネの糞の中に見出される人為的食物の量は、演習林がもっとも少なく、盤溪でもっとも高くなっている。

人為的食物の中身は、演習林ではおもに山で働く職員の弁当の残り物、羊ヶ丘では養鶏場から出るニワトリの死体と畑のトウモロコシなどであるが、盤溪になるとまことに雑多である。養鶏場のニワトリの死体はここでも含まれているが、そのほかに残飯、野菜、カボチャやスイカの種子、大豆、小豆から、はてはワカメやキノコまで含まれている。

しかも、この地域のキツネたちは年間を通じてこうした人為的食物に依存しており、それが彼らの全食物中で占める比率は三分の一を上回っているのである。

ここで、農村地帯に起こったのとは別の、やはり高度経済成長がもたらした人間社会の変化を考えなければならない。それは人間社会の食生活が、この十数年の間に飛躍的に豊かになったことである。その結果、昔からみればまことにもったいないかたちで、たくさんの残飯類が各家庭から棄てられている。そしてこれを盤溪のような所のキツネは利用しているのだ。

そのうえさらに、三沢君によると、盤溪にはキツネにわざわざ餌をやっている人まで いるということである。厳しかった開拓時代の行きがかりを水に流し、キツネに友好的姿勢を示す人が増えているらしい。

ともあれこうしてみると、北海道ではキツネたちは単に酪農地帯だけでなく、人為環境のいろいろな部分に接近して、その場その場に応じた新しい生活様式を確立しつつある様子なのである。

そしてその過程で、彼らは本来の捕食者としての生活の一部を、ごみあさり屋（スカベンジャー）の生活に切りかえているといっていい。

人為的な環境変化によって増殖した動物という点では、エゾヤチネズミもキツネも同じかもしれない。しかしエゾヤチネズミの場合は、森林の皆伐によってこの種がもともとから好んでいたような住み場所を与えられ、いわば〝自動的〟に増えたともいえるのにたいして、キツネの方は、生活様式の改変という壁を克服して、新しい人為環境に対応したのである。

神経質で用心深いはずのこの動物の、また、なんと不敵で逞しいことか。

もうずっと以前の話であるが、北海道の東端に近い根釧原野の奥に一軒の開拓農家があった。隣りの農家とは川を隔てて数百メートルも離れた一軒家である。家族は夫婦と、長女を頭にした六人の幼い子供たちであった。それに気立てはいいが四本あるべき乳頭が三つしかなく、おまけに毎年雄の子ばかりを産む雌牛と、数羽のニワトリがいた。

小さな家の内壁には隙間風を防ぐために新聞紙が一面に貼られ、子供たちが一緒になって寝る部屋の床にはムギワラが敷かれていた。むろんのこと、電気はまだきておらず、夜の明りはランプの灯であった。

しかし、その昔は甲子園で鳴らしたという優しい父親と、保健婦として開拓地の健康指導をしていた母親のもとで、子供たちはみないきいきとして元気だった。

夜になると、毎晩のように子供たちは、両親の前で一人ずつ学校で覚えてきた唱歌をうたい、小さな一軒家の中はまるで学芸会のように賑やかであった。

そんなある日、外から帰ってきた母親が夜おそく一人で風呂にはいっていた。風呂といっても野天風呂である。しかしそこは誰に遠慮もいらぬ一軒家であった。ちょうど真夏の頃で、近くの茂みではしきりとヨタカが鳴いていた。

ところがそのとき、五右衛門風呂に浸っていた母親のすぐ目の前を、一匹のキツネが通り過ぎた。しかも驚いた母親が首をのばしてみると、なんとキツネは、わが家の大切なメンドリを一羽くわえていたのだ。わずかのメンドリたちが産む卵は、貧しい開拓農家の子供たちの健康を支える貴重な栄養源であった。

怒り心頭に発した母親は、いきなり大声で叫ぶと、風呂釜を飛び出して裸のままキツネを追いかけた。だが、キツネの方も心得ていた。メンドリを離そうともせず、これをくわえたままたちまち裏山の方に走り去ってしまった。

しかし、気丈な母親は諦めなかった。キツネのあとを追って、素っ裸で裸足のまま裏山をかけ上っていったのだ。

そして息をきらしながら裏山の頂上に辿りついた母親は、そこでニワトリを下ろして一息入れていたキツネに追いついた。

まさかと思っていたところをいきなり全裸の女に襲いかかられて、さすがのキツネもこれにはかなりあわてたらしい。ニワトリをそこに残したまま、藪の中に逃げこんでしまった。

こうして母親は、殺されたメンドリをキツネから取り戻し、これを手に下げて山を下りていった。とてもよい月夜だったそうである。

その次の晩、暗いランプの下の食卓では、母親がキツネから取り返してきたニワトリの肉を、六人の子供たちが分けあって食べたのであった。今からもう三十年も昔のことである。

こうして原野の中で両親に護られて育った子供たちはそれぞれに成人し、今はみな社会人である。そして母親と同じ保健婦の道を選んだ長女は、一人の動物学者の妻となっていま、演習林に住んでいる。

ここも山の中である。そして庭先には、夜になるとしょっちゅうキツネがやってくる。しかし今は四人の子供の母であるその長女は、裸でキツネを追いかけたりはしない。子供たちと一緒になって、食事の残り物や肉片などをそっと投げやっている。なかには私たちの家族にすっかり馴れ、私の口から餌を受けとって食べるキツネもでてきたりする。

三十年の年月は、なんといろいろなことを変えたことだろう。人間とキツネが真剣になって食物を張りあっていた時代は遠い過去のものとなり、キツネは私たちの愛すべき隣人となったのだ。

人間社会が変わり、またキツネの生活様式も変わったのである。

キツツキと木つつき

朝早くから活動をはじめる者を働き者というのなら、鳥はなんと働き者だろう。今日も朝早くから、根雪に覆われた演習林の構内の片隅でオオアカゲラがさかんに働いている物音が聞えてくる。

彼はここ数日来、ヨーロッパトウヒの木立ちの中の枯れかかった一本にかかりきりにとりついて幹をつつき、その皮を剝ぐ仕事に夢中なのだ。彼の仕事はどうやら順調に捗っている様子である。トウヒの幹はもう、三分の一以上も皮をむかれて白い肌を曝している。

この北大苫小牧地方演習林の林長の立場にある私は、彼のこの仕事をきわめて友好的な姿勢で見守っている。

それにはむろんわけがある。健全な樹木は、普通、害虫がたやすく侵入するのを拒む力を持っているものである。傷口に旺盛に分泌されるヤニが害虫を撃退してしまうからだ。しかし、何かの要因で樹勢が弱まってヤニの分泌が衰えてきたりすると、この害虫を拒絶する力は失われてしまい、木はたちまち害虫の巣となってゆく。するとその木で大発生した害虫たちは、今度は周辺にある同種の健全木にまで襲いかかってゆく。こうなるともう数の力で、いかに健全な木でも害虫の大襲来には抗しきれず、今度は直接虫害が原因で枯れるものがでてくる。単一の樹種からなる人工林などでは、こうして一本の木から始まった虫害が、連鎖反応的に周辺の木にひろがっていって大被害の発生となることが少なくない。

いま、一羽のオオアカゲラがつついている構内のトウヒの木も、実はここ数年来、樹勢が弱まってきたあげくに、とうとう夥しいヤツバキクイの巣になってしまったのである。樹木の血管部ともいうべき形成層に群らがって寄生したこの七ミリほどの小さな甲虫たちは、もはやこの木にとどめをさしたも同然である。

オオアカゲラは、このヤツバキクイの幼虫や越冬成虫を食べているのだ。しかも、ただ単にこの害虫を食べているだけでなく、樹皮を剝ぎとって直接寒気に曝すことによって、食べ残しの多数の個体をも殺す役割を果たしてくれている。だから、一羽のオオアカゲラのここ数日来の仕事は、この木のキクイムシたちに壊滅的な打撃を与えているのだ。

この木はもはや助からないにしても、彼の働きによってヤツバキクイの被害は当面この木一本にとどまり、近隣のトウヒの木への蔓延は防がれそうである。林長たる私が、彼におおいに好感を寄せているのは、こういうもっともな理由からである。

ところで、この演習林にいるキツツキは、このオオアカゲラだけではない。そのほかに、アカゲラ、コゲラ、ヤマゲラ、クマゲラがおり、また夏には、同じキツツキ科のアリスイもやってきて、独特のかん高い鳴き声をあたりに響かせる。

もっとも、このアリスイという鳥は、キツツキ仲間には珍しい渡り鳥であるうえに、木の幹をよじ登ったり穴をあけたりすることがなく、せいぜい朽木をこわして虫を捜すだけで、キツツキ仲間としては変わり者である。

しかし他の五種類のキツツキたちは、みな垂直な樹幹にとまり、螺旋状によじ登りながら幹をつついて暮している。形態的にみると、黒くて巨大なクマゲラ、中型で白と黒と赤のコントラストの鮮やかなアカゲラ、やはり赤と白黒の模様であるがやや大型で脇腹にまだらのあるオオアカゲラ、美しい萌黄色のヤマゲラ、そして淡いゴマ色をしたスズメ大のコゲラと、彼らの体色や大きさには際立った違いが見られる。だが、習性面では、彼らは同じようにみな垂直な樹幹にとまってこれをつついて暮しているのである。

昭和四十八年に、大学院生だった松岡茂君がここでキツツキ類の研究をはじめたとき、彼の関心はこの特異な習性を共有するキツツキたちが、どうして五種類も同じ森のなかに共存しているのか、という点にあった。

同じキツツキ仲間が同じような生活をするのになんの問題があるのか、と言われそうであるが、そこで少し説明しなければならない。

生物学には「生態の似た二種は同じ所に一緒には住めない」という、ガウゼの仮説または競争置換則と呼ばれる命題がある。これはつまり、生態の似た種同士は生活要求が重複するために種間の競争がおこり、一方が他に排除されるというものである。この命題の論理的対偶を求めるならば、それは、もしも近縁な二種が共存しているならば、その二種は生態を異にすることによって競争を軽減しているということになる。

競争置換則については、内外の生態学者の間で多年にわたって論議が繰り返されてきている。この命題が今日なお、多くの研究者から関心が持たれているのは、近縁種間の競争がすみ場所の分化や生態の分化――生態的隔離――を促し、それが動物たちの未開拓のすみ場所への進出や、種の特殊化の原動力になるのではないかと考えられるからである。

松岡君はこの問題に関心を持ち、そこで、樹木の幹や枝というきわめて限られた場所で集中的に採餌を行なうもの同士が、五種類も森の中で共存している、キツツキたちの世界にはいりこんでみようと考えたのであった。

こうして、彼の五年間にわたる地道で幅の広い調査活動が開始された。その結果、浮かび上がってきたのは、キツツキたちの意外なほどの種ごとに独自な暮しぶりであった。

まず、一見同じように見える採食の場所が、種によって少しずつずれているのである。キツツキ仲間のピグミーであるコゲラは、高木の樹冠部分と灌木層で採食するが、これは木の太さと関係していて、彼らの採食活動の七〇パーセント以上は直径五センチ以下の幹や枝で行なわれている。

これにたいしてアカゲラは、やはり高木の樹冠部での採食が多く、採食場所の木の太さは五センチから一五センチの範囲に多い。またこの種では雄と雌との間でも採食場所に違いがみられ、雄の方が雌よりも木の太い所で餌をとっていることがわかってきた。これはひとつの種内に、雌雄による生活の分化――性的二型――がおこっていることを示すものである。

これがオオアカゲラになると、採食場所は高木の幹や枝に限られてしまっていて、しかもアカゲラ以上に性的二型がはっきりと認められる。雄はほとんど木の幹で、それにたいして雌は樹冠部の枝で、採食活動をしているのである。

さらに、もっとも大型のクマゲラになると、採食場所はもっぱら大木の枯れ木や倒木に限られている。

またこれらの四種にくらべると、ヤマゲラの採食場所は一風変わっていて、この鳥は木の太さや高さとは関係なしに、木のうろ、裂け目、枝の折れた所などの損傷部や、幹にまきついたつる類と幹の間などで採食しており、そのほか細い枝先にとまって木の実をついばんだりしている。面白いことにヤマゲラは、木をつついて穴をあけることがあまりないのである。いかにもキツツキらしいその形態とはうらはらに、この鳥はどうやらいいかげんなキツツキなのである。こうした採食場所の木の太さや高さのほかに、採食する樹種にも種間で差があり、またそれは、アカゲラでは雌雄間でも違った傾向のあることがわかってきた。たとえばアカゲラでは、雄はミズナラでもっとも多く採食しているのにたいして、雌はホオノキで多く採食している。

クマゲラ

このような採食場所の違いに加えて、さらに興味あることは、彼らの採食方法にも種間の違いが見られることであった。

あまり木をつつくことのないヤマゲラでは、昆虫が幹にあけた小さな穴や木の裂け目に、声やくちばしをさしこんで虫を引き出したり、樹枝上の虫や枝先の実をついばんだりしているが、コゲラは樹皮の表面を軽くつついて採食している。

アカゲラの場合も、コゲラと同じ首だけの反動を使ったつつきが多いが、そのほかに全身の反動を使ってくちばしを振り下ろして幹に穴をあける採餌方法や、頭を横向きにねじって木をつつき、樹皮をはぎとってその裏側の虫をとる方法がまじってくる。こうした方法をとる頻度は雌よりも雄の方が高い。

さらにこの穴掘りと皮剝ぎの頻度は、オオアカゲラの雌→雄の順で高くなり、クマゲラになると、もっぱら巨大なくちばしを振っての大きく深い穴あけによる採餌になるのである。

これらのことをはじめとして、明らかにされたさまざまな種間の生態的隔離や種内の性的二型の現象をふまえ、それらの起原や、それが近縁種の特殊化や共存のうえではたす役割についての論議を展開して、松岡君は論文をまとめあげた。

こうして松岡君の活動によって明らかにされたキツツキたちの多様な生活ぶりを見るにつけ、私は森林という世界の複雑さと奥深さを改めて思わずにはいられない。

キツツキが木をつつく、といってもそのつつかれる幹や枝は、樹種・高さ・太さ、またその傾きなどさまざまな面で実に多様であり、そこに潜む昆虫も異なっている。たとえ同じ部分でも、樹皮の表面にいるもの、裂け目にいるもの、裏側にいるもの、さらに固い木部の奥にいるものがあるのだ。そしてキツツキたちはまた、こうした多様さに対応して互いにきめ細かく樹木をつつき分けているのである。

それにしても、キツツキはどうして木をつつくのだろうか。

これはちょっと、おかしな疑問と言われそうである。キツツキは食べ物である虫を捜し、またこれを幹の中から取り出すために木をつつく。きまった話ではないか――。

しかし私が、どうして、というのは、彼らがなぜこんなに骨の折れる生活をするようになったのか、ということである。

森の中を歩いていると、あちこちの枯損木の幹などにキツツキのあけた穴が見られる。大きな穴の下の地面には、これをうがつためにキツツキがむしりとった木片が山と積まれている。大変な労働のあとである。この仕事の結果、おいしい食物にありつけたとしても、そのためになんと多くの時間とエネルギーが費やされたことだろう。はたしてエネルギー収支のもとはとれただろうかと、いささか心配になったりする。

なにもこんなことをしなくても、森の中には、もっと採りやすい食べ物があるのだし、現に他の鳥たちはみな、それらを食べて暮しているのではないか。それなのにどうして、キツツキだけがこんな骨の折れる食物の採り方をはじめたのか。

だが、これはどうやら、検証不可能なたぐいの問題ということになりそうである。ではここで問題を、いったいどうしてキツツキのような鳥が鳥仲間に現われたのだろうか、という鳥社会全体からの視点にきりかえたらどうか。

鳥の世界を見わたしてみると、このキツツキ類に限らず、自然界には際立った特徴を持った鳥、変わった鳥が実にたくさんいる。というよりも現在地球上にいる九千種にちかい鳥たちが、みなよく見ればどこかここか他とは変わっているのである。こんな多くの千差万別の鳥がどうしてできたのだろうか。

それは一言で言えば、鳥たちが進化の過程で地球上のさまざまな環境と生活資源に適応すべく、分化と特殊化を繰り返し行なってきたからである。生物がある共通の祖先からさまざまな生活様式の方向へ向って分化と特殊化を起こすことを、生物学では適応放散といっている。地球上の各地で繰り返し行なわれてきたこの適応放散によって、鳥たちの世界は今日のような多彩で豊かなものになったのである。

こうしてできた多種多様な鳥たちは、自分の生活する地域のなかでそれぞれ独自の生態的地位を占め、それによって地域の生物群集の構造と機能の担い手の一員になっている。

ところで、こうした適応放散のあるときに、固い樹幹の中にいる昆虫という、他の鳥が利用しようとしなかった資源を利用する、新しい生態的地位に適応した特殊化をはじめた鳥がいたのである。

これは、しっかりとした道具と体力を身につけなければ務まらない、なかなか大変な地位であったが、空いている所を埋め尽くそうとする生物界の適応放散のエネルギーが、キツツキの先祖をこの任に選び、彼らをこの方向の特殊化へ進ませたのに違いない。おそらくキツツキという特殊な鳥は、こうしてできたのである。

しかしそうなると、ここで少しまぎらわしい物言いをしてみたくなってくる。

それは、木つつきになるのはかならずしもキツツキでなくたってよかったのかもしれない、ということである。木をつつく鳥の出現は適応放散の必然であったとしても、誰がその任にあたるかの決定には、偶然的要素、いわば〝神のみぞ知る成り行き〟がたぶんにあったはずである。だから、もしもキツツキが木つつきにならなかったならば、なにかほかの鳥がきっと木つつきになっていたのではないか。

実は、こんなことを考えさせる実例があるのだ。それは、たとえばガラパゴス諸島にいる、ダーウィンフィンチである。

ガラパゴス諸島は、南米エクアドルの沖合い一千キロの地点に浮かぶ一六個の島々であるが、このひとかたまりの島々は、長年にわたって大陸から隔離されてきたため、そこには限られた動物だけが住み、しかも特殊で固有なものが多いことで知られている。

この島々に、ダーウィンフィンチ類と呼ばれるホオジロ科の鳥たちがいる。長い間ほかから隔離され、他の陸鳥類がごく少ないこの小さな世界で、彼らは一四種類に分化しているのであるが、驚くべきことに、同じグループに属する近縁種同士でありながら、彼らのあるものは植物種子を専門に食べるスズメ型の鳥になり、あるものは木の葉や芽を食べるウソ型の鳥に、またあるものは小さな虫を食べるウグイス型のクチバシを持つ鳥にと、典型的な適応放散を行なっているのである。

そして、その中の一種、キツツキフィンチは、垂直な樹幹をよじ登って木に穴をあけ、幹の中の虫を食べているのだ。キツツキのいなかったこの世界では、ホオジロ科の鳥がまぎれもない木つつきになったのである。

このガラパゴス島のフィンチたちにたいしてはじめて鋭い観察者の目を向けたのは、

一八三五年にビーグル号に乗ってこの島にやってきた若き日のダーウィンである。彼によって持ち帰られたこれらの島に関する資料は、後年、彼が偉大な進化論をうち立てるに際して、生物進化の原型を示すものとして彼にインスピレーションを与えるものとなった。大洋のかなたに浮かぶひとかたまりの小さな島々の、地味な羽色をした小鳥たちが、人間の認識の根底をゆり動かした思想の建設に寄与したのであった。

同じようなキツツキ型の鳥への特殊化の例は、これだけではない。ハワイ諸島に住むアトリ科に近縁な鳥、ハワイミツスイのグループがそれである。同じように他の陸鳥類の少ないこの地域で、彼らもまた驚くべき適応放散を行なっているのであるが、そのなかの一種アキアポラアウは、やはりキツツキと同じように樹幹をよじ登り、木に穴をあけて虫をとっているのだ。ここにもキツツキならざる木つつきがいるのである。

むろん、キツツキは、木をつつく習性の鳥たちの中でもっとも典型的な、高度に完成されたグループである。しかし木をつつく鳥への進化は、もしもキツツキがいなかったら、あるいはいない所では、他の何者かが同じ道を辿るのである。

生物の個々の種の進化は、地球上の未利用の生活資源をくまなく利用し、またその効率を高めてゆくという、生物界全体の大きな戦略に動かされて行なわれているのである。

ところで、行動というものは、それが同じものであっても時と所によって評価や影響が違うものである。たとえば、日ごろ無精な男が一念発起し、毎日風呂場で裸になって入浴したりするのは、家人に大いに喜ばれるところであるが、同じことを白昼往来でやったりすると社会的地位を危うくする。

そんなわけで、私には好意的に見られているキツツキの行動も、つねに人々から支持されるものとは限らない。

私と松岡君は、昭和四十八年の冬から、構内で鳥への給餌をはじめた。餌は主に青米とトウキビと豚の脂身である。

その目的は、ひとつには冬期間中の餌不足を補うことによって、演習林内の鳥の増殖を図ることであったが、もうひとつの目的は、給餌場に集まってくるキツツキたちに松岡君が個体別の足環をつけ、少しでも多く個体識別ができるようにしようとすることであった。

私たちは構内の九カ所に餌場を設けた。

目論見は成功し、多くの鳥たちが構内に集まってきた。むろんそのなかにはたくさんのキツツキもおり、コゲラ、アカゲラ、オオアカゲラ、ヤマゲラ、それにクマゲラまでが深い森の奥から姿をみせるようになった。松岡君が張り切って仕事にかかったのはいうまでもない。

ところが、その四十八年の冬から、おかしなことが起きはじめた。演習林の電話がよく故障するのである。

演習林の電話は、市街地のはずれから二キロほど山の中を通って構内の事務所まで架線されてきており、さらに事務所の交換器から構内に点在する研究室や学生宿舎、標本館などに内線が配線されていた。ところが、それらの電話が音信不通を起こすのだ。

電話が故障を起こすと、私たちは当然、すぐに電話局に連絡をとり、早く来て直してくれと頼む。すると市街から電話局の人が駆けつけて来て構内の電話線をあちこち調べ、悪い個所を直してくれる。一件は落着する。だが、故障はそのあとでまた起こるのだ。

こんなことはこれまでにはなかった。なにか変なのではないか。そんなうちに冬が終って鳥たちが山に帰り、林の中にキタコブシの花が香りはじめるころになると、なぜか電話の故障はぴたりと止んだ。

翌四十九年の冬にも、私たちは鳥の給餌を行なった。集まってきた鳥たちの数は、前年とはさらにくらべものにならぬほど多いものだった。演習林の構内は鳥の天国の様相を呈するようになり、冬にはいって間もないうちに、松岡君はアカゲラだけで五〇羽以上もの個体に標識をつけたものである。

ところが、また電話の故障がはじまったのである。しかも、故障はひんぴんとしてのべつ起こるようになった。こうなると、私たちの困惑もさることながら、電話局の人たちもたまったものではない。なにしろ、ひっきりなしに、山の中の演習林にかけつけなければならないのだ。そこで、原因調査が行なわれることになった。やってきた三人の人たちは、いろいろと調べまわり、その結果、この故障がつねに電話線の被覆のゴム破損から起こっており、その破損の仕方がみな同じであること、また破損の起こる箇所が構内に集中していることなどを突きとめた。

さて、そうなると問題は犯人である。電話局の人たちと私は、破損箇所の電話線の切れ端をなかにして首を寄せ集めた。電話線の被覆が無残にもえぐり取られ、中の金属部分が露出している。ここから水分が浸入して故障を起こすのだ。

と、そのとき、一人が突然言いだした。

「そうだ。これはキツツキだ！」

びっくりしている私にかまわず、その人はつづけた。

「いや、もう間違いないです。キツツキですよ、これは」

彼はキツツキによる電話線の被害が、最近道内のあちこちで確認されて問題になっていること、またその被害の特徴などを詳しく説明した。なかなかしっかりした話で、反論の余地はない。語り終った彼は、やおら構内を見まわした。

それが、実にまずい光景であった。まるでキツツキだらけなのである。コゲラ、アカゲラ、オオアカゲラ、ヤマゲラ、見わたしただけでも二〇羽ほどのキツツキが飛びまわっており、なかには喧嘩などして派手に騒いでいるのもいる。電話局の人たちはうなった。

「これはすごい！　こいつらだ、間違いない」

私は自分がきわめて苦しい立場に立たされたことを悟った。なにしろ私は松岡君と一緒になって構内にキツツキを呼び集めた張本人であるし、一方では電話が故障するたびに早く直せと電話局に怒鳴ってきた本人でもあるのだ。こうなると、電話局とキツツキの板ばさみである。しかし私には両者の仲をとりもつ能力などあるはずがない。どうしよう。

さいわい給餌のことが気づかれていないらしいのをよいことに、私は知らぬ顔の半兵衛をきめこむことにし、どうしてこんなにキツツキが多いのだろうか、という電話局の人に向って、厚顔にもこう答えた。

「さあ、いったいどうしてだろうなァ」

無責任な学者が知らん顔をきめこんだあとには、電話局とキツツキたちの激しい戦いがはじまった。

私がそっと観察したところでは、キツツキたちのうち、固い物をつつき取る性質の弱いコゲラやヤマゲラは、電話線をつつくことはまずなく、また体の大きなクマゲラは、どうみても電話線にはとまれそうもなかった。犯人はどうやら、アカゲラとオオアカゲラであった。

彼らはいったいなにが目的なのか、いかにも不得手な動作で電話線に横向きにとまり、被覆のゴムをしつこくつつくのである。

もっとも、オオアカゲラの方はあまり数が多くないので、問題になるのはまず、アカゲラと見ていい。だが、そのアカゲラが構内で最も数が多いのだ。

戦いはまず、キツツキ側に圧倒的に有利な展開であった。彼らの有利さの第一は、戦いが彼らの本拠地のなかで行なわれていることにあった。電話局の人たちは市街地からやってきてもすぐに撤退しなければならない。するとそのあとはまた、キツツキのやりたい放題なのである。おまけに彼らは電話局の人たちのように、ほかにべつに忙しい仕事も抱えておらず、時間はたっぷり持っている。それに、戦力的にもキツツキたちの方が圧倒的に優勢であった。なにしろアカゲラだけで構内に五〇羽以上もいるのだから、定員削減に悩む電話局側とは雲泥の差である。

こうして電話は、相変わらず、キツツキたちのために絶えず不通になり、そのたびに電話局の人がかけつけては電柱によじ登ってゆく。私はそれをうしろめたい気持で眺め、電話局の人たちのレンジャーまがいの高所での身のこなしに感心したりもした。ときにはその下を、ポーカーフェイスをした松岡君が、双眼鏡などをぶら下げて素通りして行く。まずい立場という点では、彼も私と同じなのである。

しかし、やがて戦いには転機が訪れた。電話局の人たちが、電話線の上に針金をわたしはじめたのである。これは電話線の上側に針金を平行に張ることにより、飛んできたキツツキが電話線には直接とまれず、その上の細い針金にとまってしまうことをねらったのであった。すると、もともと水平な細いものに横にとまることの苦手なキツツキは、この針金の上では体が不安定で、首を下に伸ばして電話線をつつくことはできないだろう、というわけである。電話局側もいたずらに敗北を重ねていたのではなく、その間に新しい戦術を練っていたのだ。

この戦術は功を奏した。キツツキの被害がたしかに減ったのである。だが、キツツキ側も負けてはいなかった。しばらくするとまた、電話の故障は増えはじめた。観察してみると、今度はまず電柱にとまり、ここから不自由な動作で電話線にぶら下がっていってつつくのである。

しかし戦局はもはや、電話局側に有利に傾いていた。間もなく電話局の人々は、キツツキの被害がいまや電柱から二メートル以内の範囲に限られていることに気づき、その部分だけを堅牢な金属のカバーで囲ってしまった。さすがのキツツキたちも、これにはもう手が出なかった。

こうして、戦いはついに電話局側の勝利に終り、成りゆきをひそかに見守っていた私は、研究者の立場からは構内のキツツキたちを駆逐しないですんだことを喜び、演習林長の立場からは電話の故障がなくなったことを喜んだ。電話局の人たちの知恵と工夫が、キツツキと電話線の共存を可能にしてくれたのである。

それにしても、どうしてこんなことが起こったのか。どうやらここで、キツツキはなぜつつくか、という話をもう一度むし返す必要がありそうである。

アカゲラたちは、電話線の中においしい虫がひそんでいるとでも思いこんだのだろうか。しかしそうだとすれば、その見当違いを彼らはすぐに悟らされたはずである。多くの鳥たちがそうであるように、キツツキも学習能力の高い動物なのだ。

たとえばこんなことがあった。私たちはキツツキ用の豚の脂身の給餌を構内の九カ所で行なっていたのであるが、あるときこれを三カ所だけにしてみた。翌日、突然脂身のなくなった六カ所の餌場には、当然のことながらいつものようにたくさんのキツツキたちがやってきた。彼らは御馳走のないのに当惑し、しばらく周囲をうろうろしては飛び去ってゆくが、身についた習慣から、また空の餌袋の所に戻ってくるのであった。

しかしこれは、わずかの期間だけのことで、彼らはすぐに、脂身のない給餌場にはぴたりと来なくなった。彼らは二、三日の間に、六カ所の給餌場では脂身の給餌が止められたこと、ただし他の三カ所ではちゃんと続けられていることを学習してしまったのである。このような学習能力を持っている彼らが、いつまでも勘違いを続けて電話線をつついていたとはちょっと考えにくい。

ここで、少しまわり道をして、動物の行動というものについて考えてみる必要がありそうである。

動物の行動という、きわめて魅力的でしかも複雑きわまりない現象を体系的に把握することにつとめてきた行動学者は、これを本能行動、学習行動、文化的行動の三つに大別することで、一応異論がないようである。このうち本能行動とは、動物の種類ごとに遺伝的に固定された先天的なものであり、学習行動とは、後天的な経験の過程を経て個体ごとに確立されたものである。また文化的行動とは、各個体の学習した情報が集団の内部に蓄積され、それが他の個体にひろまったり、後の世代にひきつがれたりするものを指している。

さて、問題のキツツキが物をつつくという行動は、本能的なものである。かつて私の手によって育てられたアカゲラのヒナは、誰にも教えられることなしに、巣立ち直後からさかんに物をつつきはじめたものであった。これはキツツキたちにとって、天性の行動なのである。

ところが、この本能行動はふつう、外界からの刺激によって解発される仕組になっている。

たとえば先年ノーベル賞を受賞したティンバーゲンの有名な実験によれば、トゲウオ科のイトヨの繁殖期の雄に見られる激しい攻撃行動は、この時期の雄の体側の下半部に現われる婚姻色の赤い色模様によってひきおこされる。そのためイトヨの雄は、かならずしもライバルの雄でなくとも、下半部を赤く着色した楕円型の紙などにたいしても激しい攻撃反応を示すのである。このような、特定の行動をひき出す外界からの刺激は、行動解発因と呼ばれている。

ところが動物の行動の複雑さは、この行動解発因が与えられればかならずそれに反応した行動がひき出されるとは限らないことである。それにはまず、行動をひきおこすに足るだけの、つまり限界値を超えた刺激の強さが必要なのだ。しかもこの限界値は、けっして一定不変のものではなく、そのときどきの個体の事情によって変動するのである。

そして、この限界値の変動に関与する内部要因となるのが、行動にたいする衝動の蓄積の程度である。テレビのアフリカの動物番組などを見ていると、シマウマやガゼルが歩いてゆくそばでライオンがぼんやりと寝転んでいるシーンなどがでてくる。この場合は、満腹がライオンの攻撃衝動を抑え、獲物に対する反応の限界値を極端に高くしているのである。一方シマウマの方も、私たちがエンジンの止めてあるダンプカーの前を平気で横切るのと同じで、寝転んでいるライオンからは逃避行動を解発されない。しかし、こうしたライオンたちも、空腹になってくるにつれて、獲物からの刺激に対する反応の限界値が低くなり、ついには獲物からのわずかな臭いにも反応して、狩りをはじめるようになるのである。

この衝動の高まり——限界値の低下は、動物が行動解発因の刺激から長く遮断されているような場合にもっとも極端なものとなる。ティンバーゲンとともにノーベル賞を受けた、やはり、高名な行動学者ロレンツは、その著書『攻撃』の中で、室内で飼われた一羽のホシムクドリが、まったく昆虫などいない部屋の中で、あたかも空中に虫を見つけ、これに飛びついて捕え、呑みこみ、そのあとで満足気に身ぶるいする、という一連の行動を繰り返す有様を興味深く記述している。これはつまり、はけ口を失って極限までに高まってしまった捕食行動への衝動が、ついに獲物のまったくいない環境のなかで捕食行動をひきおこさせた例である。

似たようなことは、人間の日常生活にも見られるものである。そういえば、私自身にもこんな経験がある。

学生時代のあるとき、数人のグループで日高山系にはいった私たちは、四十日ちかくを山の中で暮したのち、山にはいる前に泊めてもらった造材飯場にふたたび戻ってきた。ところでこの飯場には一人の炊事の婆さんがいたのだが、山にはいるときにはただの年寄りにしか見えなかったこの婆さんが、四十日ぶりで山から出て来た私たちの目には、どういうものか妙に女らしく見えた。仲間のある者は、しきりと婆さんに話しかけたりしたものである。一カ月あまりの間、むさ苦しい仲間同士の顔しか見ることができず、女性刺激にうえていた若者たちは、どうやら婆さんという〝貧弱なる女性刺激〟でも反応してしまったのだ。

動物の行動は、たとえそれがどんな単純なものであれ、その背後にそれを支える複雑なメカニズムを持っているのである。

さて、キツツキの話に戻るとして、彼らはきわめて優れた樹木の診断者である。樹幹のなかに虫がひそんでいるかすかな兆候を鋭く感じとる能力を持っていて、まず木の幹や枝を軽くたたき、そのなかに虫がいると見てとったときに穴をあける作業を開始する。この高い能力の上に彼らの生活が成り立っているのである。

では、そのような高い能力の彼らをまどわすほどにまぎらわしい信号刺激を、電話線が発していたのだろうか。しかしこの、もしかすると電話線がキツツキたちに発散していたかもしれない妖しい刺激の有無を確かめるのは、そう簡単なことではなさそうである。

そこで、ここではもう一方の可能性の方、つまり、キツツキたちの側に、つつき行動へのなにか異常な衝動の高まりが生じていた可能性がないかどうか、ということの方を考えてみることにしよう。いわば、電話線だってかまわないからつつきまくらずにいられないような状況が、キツツキ側になかったかどうか。

そこで考えられることのひとつは、構内での脂身の給餌である。キツツキたちはこの脂身を非常に好み、実は一日の大半をこの脂身の周辺で過ごしている。ところが脂身は、たいへん柔らかい食物である。したがってキツツキたちは、この脂身をつついている限り、堅いものをつついて穴をうがつという行動をまったく捨ててしまっている。というより捨てさせられてしまっているといっていい。そのせいか、脂身に満腹した彼らは、近くの木の幹に止まって、あらためて力一杯木をつつくことが多い。もしかすると、採食の目的とは切り離された形でのつつきの衝動だけが彼らに残され、それが鬱積した結果、見さかいのないつつき行動となって電話線にまで穴をあけるのではないか。

そんなことを思って見ると、電話線だけでなく、構内の樹木の多くがひどく傷ついているとに私は気づいた。大きな穴こそないものの、虫などいるはずのなさそうな健全な若木にまで小さな穴がいっぱいあけられているのである。

もうひとつ考えられるのは、ストレスの問題である。この構内で冬を過ごすキツツキの密度は、自然状態ではとても考えられない異常なものになっている。この状況の中でキツツキ同士、特にアカゲラの個体間には絶え間のない闘争と追い合いが起こっている。彼らの間に過密によるストレスが起こっている可能性がないとはいえないのだ。

過密状態によるストレスが異常な行動を起こさせることは、いろいろな動物で知られていることである。そして多くの場合、それは特定の行動への衝動を異常に高め、それの乱発の形をとって現われる。たとえば、ネズミなどではふだん齧らないものまで齧りまくるのである。同じように、ここではストレスがキツツキたちに無差別のつつき行動をひき起こしたのではないか。

だが、あれこれ思いめぐらしてみても、結局いまのところは、この辺で終りである。実証的な調査が行なわれることなしに思弁が思弁にとどまる限り、それは科学にはならない。ただ、ひとつの現象についてのさまざまな角度からの思考が、やがて深い分析と実証的な調査活動へと発展してゆくとき、私たちは科学の道を歩むものとなれるのだ。

ともあれ、キツツキが物をつつくという、一見なんの不思議もなさそうなことの陰にも、興味深い問題を秘めたいくつもの科学の扉が私たちを待っているのである。

タヌキの冬

その夜、高村爺さんの話は大いにはずんでいた。

演習林に着任してまだ間もないある晩のことで、私は土地の動物に関するいろいろな話を聞くために、猟師の高村爺さんのもとを訪れていたのである。

私は爺さんにあれこれと質問し、相づちをうち、また、ときにはメモなどもとる。

「ところで、この辺にタヌキはいませんか」

すると爺さんは答えた。

「タヌキ？　それはおらんな。……しかしムジナはいる。ムジナというものはだな……」

そこで、すぐさま私は内心でこう思った。ハハァ、ムジナはいないがタヌキはいるのだな。

タヌキとムジナ。これはちょっと話がこみいっている。

そもそも、民話や童謡に出てくるタヌキの名前を知らぬ日本人はいないが、しかしこのタヌキにはもうひとつ、〝ムジナ〟という俗称がついている。ところが日本には、このタヌキのほかにアナグマという、大きさや形態がちょっとタヌキと似た動物がいて、これも同じく〝ムジナ〟と呼ばれることが多いのである。

この両者は大きさや形だけでなく、すみ場所や習性にも多少共通したところがあり、おまけに、ときに同じ穴に同居することもある、と書いた本もあったりする。まさに〝同じ穴のムジナ〟であるが、分類学上はタヌキはイヌ科、アナグマはイタチ科に属しており、それほどちかい仲とはいえない。

厄介なことに、この両者は土地によってタヌキの方がムジナと呼ばれたり、逆にアナグマの方がムジナと呼ばれていたりしていて、しばしば混乱のタネになるのである。

北海道にいるのはタヌキの方だけで、アナグマはいないのであるが、北海道では一般にこのタヌキをムジナと呼んでいるため、爺さんに言わせれば北海道にはタヌキはいないがムジナはいる、という話になり、一方、本州の長野県などではアナグマの方をムジナと呼ぶ慣わしなので、信州生まれの私の感覚からすれば、北海道にはムジナはいないがタヌキはいる、ということになってしまうのだ。

いずれにせよムジナという正式の名前（和名）を持つ動物はいないのであるが、昔私に、タヌキとムジナとアナグマはみな違う、俺にはすぐに見分けがつく、といってそれについてくわしく教えてくれた年寄りもいたりして、察するところ事態は混乱しており、収拾はなかなか困難な状態にあるらしい。

そこで、北海道にいるのはタヌキかムジナかアナグマか、などという質問を間違ってもされないように、ここで北海道のタヌキの戸籍をはっきりさせておいた方がよさそうである。

動物学者がつけた北海道のタヌキの正式の名前は、エゾタヌキ（*Nyctereutes procyonoides albus*）である。三つ並んだ横文字の最後の*albus*はラテン語で白いという意味であるが、むろん、北海道のタヌキがみな白いわけではない。これは初めて北海道のタヌキを記載した英国の動物学者が、たまたまロンドンの動物園に飼われていた北海道産の白子（アルビノ）の個体をもとにしたからだと言われている。

これに対して、本州や四国のタヌキはホンドタヌキと呼ばれ、学名は*Nyctereutes procyonoides viverrinus*である。つまり、エゾタヌキとは横文字の三番目の名前だけが違っている。一番目が属名、二番目が種名で、三番目は亜種名であるから、北海道のタヌキと本州のタヌキとは亜種が違うとされているわけである。

亜種とは、種を異にするほどの違いはないが差異は明らかに認められる、といった生物群同士を種以下のレベルで区分するために設けられた単位である。

ここでエゾタヌキとホンドタヌキの相違点としてあげられているのは、エゾタヌキの方が体が大きいこと、毛深いこと、全体に色彩が淡く、またホンドタヌキに見られる胸から肩へかけての黒褐色帯がエゾタヌキでは肩の下で消えていることなどである。だが、ここで生物の分類というものについてふりかえって考えてみることにしたい。このようなわずかな、そして連続的に変異する形質上の差異をとり上げて生物界を種以下の単位にまで細分することに、はたして意味があるのかどうか。

生物を分類する上でのもっとも基本的で重要な単位は種である。系統分類の諸段階に設けられた分類単位のなかで、この種だけが、人間が分類の便宜のために設けたものでなしに、互いに他から独立した、統一的なまとまりとして自然界に実在する単位であることが近年ますます明らかにされてきている。地球上の生命は、この種という単位を基盤として存続し、また発展してきたのである。

しかし一方では、種は固定的なものでもなければ、また画一的なものでもない。現在地球上には数百万という種類の生物が記録されているが、それらはみな形が違っているだけでなく、それぞれ固有のすみ場所や生活様式を持っている。ところが、この数多くの種のおそらくどれひとつをとっても、定まった生活の枠の中におとなしくおさまっているものはない。あらゆる生物は、たえず新しい環境に向ってすみ場所を拡げ、そこでの生存のための闘いの過程を通じて自分自身を変革してゆく性質を持っているのである。

生物の世界には、多数の生物が集まって生物群集（共同体）を構成し、その機能によって全体としての物質やエネルギーの流れを調節し、それを安定に保とうとする側面のあるのも事実であるが、一面では地球上の膨大な種類の生物は、たがいにぶつかり合い、せめぎあってひしめいていると言ってもいい。

だから生物の世界では、同じ種類の中にも南に進出するものもあれば北に押し出そうとするものもあり、また森林にはいり込もうとするものもあれば草原で頑張ろうとするものもある、といったことがたえず起こっているのだ。

そして、こうした異なった環境への適応の結果として、同じ種内でも形態や生活様式を少しずつ異にするものが現われてくる。こうして生物の種は、多様な変異型を持つことによって多面的な発展の可能性を拡げ、同時に単一の要因で種全体が滅びたりすることを防ぐことができるのである。この、たえず多様な変異を生み出す力、すなわち変異性こそは、種のもっとも基本的属性のひとつであり、長い歴史を通じて種の存続と発展の原動力をなしてきたものといっていい。

しかもここで重要なことは、こうした変異が多くの場合、種の枠内に起こる現象であるということである。むろん変異のなかには、種の枠を超えて、種の分化に連なる変異もあることはいうまでもない。しかしそれは変異が隔離機構、つまりひとたび分離した集団が再び交雑してもとの集団に混じりあうことが防がれるような仕組を伴なって現われた場合である。これは地球上に多様な生物の種を生み出してきた重要な現象ではあるが、すべての変異がみな、いずれは種の分化につながるのだなどと思い込むのは行き過ぎである。

さて、こう考えてくると、生物の世界で種というまとまりの持つ意味、またそのもっとも重要な属性としての変異性、こういったものへの省察もなしに、わずかな差異を云々して一つの種をさらにいくつかの種に区切ることが、はたして生物の世界を適切に把握することになるのかどうか。同じ種類のまとまりのなかに亜種という細分を持ち込むことによって、種というひとつの統一的な集団の、いきいきとして多彩な、そしてまた柔軟で流動的な姿を、かえって見落とすことになりはしないか。こうした分類の在り方には何か無味乾燥した〝死物学〟の匂いがしなくもないのだ。

さて、ここでタヌキの話に戻るとして、北海道のタヌキと本州のタヌキの関係であるが、この両者は飼育条件下ではいとも簡単に交配し、しかもその結果生まれた子供には正常な繁殖能力のあることも知られている。だから両者の間には、さきにいったような隔離機構はないわけで、彼らは同じ穴のムジナ、つまり同種内の仲間と見て間違いない。また両者を区分する基準とされた毛皮の色相も、北海道産のタヌキ同士の間にもかなりの変異があって、本州産のものと画然と区別されるというものではない。

そうなると北海道のタヌキはエゾタヌキ、本州以南のタヌキはホンドタヌキで亜種が違う、などと別物扱いをするのをやめ、エゾのタヌキも、本州のタヌキも、阿波のタヌキも讃岐のタヌキも、そしてまた肥後熊本の船場山のタヌキも、みなそれぞれにお国ぶりを持ちながらも、同じタヌキ一家の身内なのだと言った方が、日本列島におけるタヌキ一族の健闘ぶりがよりいきいきと浮かび上がってくるのではないか。

日本は、動物地理学の上では、ヨーロッパからアジアにまたがる旧北区に属している。しかし北海道の哺乳動物には、沿海州・樺太経由で南下してきた旧北区中のシベリア亜区系の種類と、本州から北上してきた満州亜区系の種類とが混ざっていて、タヌキは実は本州からの北上組である。だから本家争いをやったら、北海道のタヌキは本州のタヌキにはかなわない。北海道のタヌキの先祖はおそらく、東北あたりの山里から身を起こし、北国を目指して漫遊したあげくに、かつて津軽海峡にあった陸橋を経て北海道へと乗りこんできたものに違いない。北海道の哺乳動物相では、どちらかというとシベリア亜区系の動物が主流をなしていることを考えると、これは寒さ厳しい北海道の動物界に、本州から果敢にも殴り込みをかけてきた、タヌキ一族のパイオニアと言ってよいのかも知れない。

では、本州から北海道に乗りこんできたタヌキは、この厳寒と多雪の大地のなかで、その環境にどのように適応してきたのか。

ところが、どうもここで話の腰がくだけそうなのだ。というのは、ひとつにはタヌキ、特に北海道のタヌキの生態に関する資料が非常に少ないことと、もう一つは、私のこれまでに見たところでは、実はどう見てもあまりよく適応していないようなふしが多いのである。

正直のところ、私が北海道の冬のタヌキの生態に少しずつ接するようになってまず感じたのは、これはいったいなんという駄目な連中であろうか、ということだった。実際、これでも野生動物といえるかと思うほどに、彼らの形態や行動能力は深い積雪地帯での生活には向いていないように見えるのである。

北海道の哺乳動物の多くは、冬になると四肢の足の裏側がフェルト状の厚い毛で包まれ、そのうえさらに、四肢が雪のなかに沈まぬように指が雪上で大きく拡がるようになっている。ところが、タヌキはどうか。彼らの足裏の肉球は丸出しの裸で、それに足指もほとんど開かない。そのために彼らの足は深い雪の中にすぐにはまりこんでしまうのだ。キツネやクロテンなど、シベリア亜区系の動物の足を、防寒靴をはいたうえにカンジキをつけているのにたとえれば、タヌキはさしずめ裸足でつぼ足というところである。おまけに足が短いため、足が沈むとすぐに腹が雪につかえることになり、体全体でラッセルして歩かなければならない。

加えて、走力、跳躍力の貧弱さである。なにしろ春先の堅雪の上でさえ、ムジナを見つけたら軍手をはめながら大急ぎで走って行ってつかめばよい、などと言われるありさまなのだ。まして深雪の中ではおして知るべしである。

こうした行動面の制約のためか、タヌキは雪の深い時期にはたとえ出歩いてもあまり長距離の移動をすることはなく、しばらく行っては切株や倒木の下の穴などにはいって休む性質がある。そのため猟師たちが、冬のムジナは足跡さえ見つければあとはスコップ一つで捕まえられる、というのは、情ないが、しかし本当の話なのだ。

こういう状態では、冬のタヌキを捕まえるのは何も人間だけではなさそうである。タヌキとキツネの足跡が入り乱れたなかに、タヌキの半分食われた死体があったというような話を、私はこれまでに何回か聞いている。

タヌキとキツネはともに食肉目イヌ科の動物で、大きさもそれほどは変わりがない。しかし、南の本州からやってきたタヌキと違って、キタキツネと呼ばれる北海道のキツネは、沿海州・樺太経由で北海道に渡ってきたものであり、本格的な北方動物としての資質に恵まれた北の大地のエリートである。

タヌキ

考えてみても、あの見るからに俊敏そのものの赤毛の野性児にかかっては、雪の中のタヌキなどひとたまりもあるまいという気がする。

こうなったらもう、タヌキ寝入りでもきめこむ以外手はなさそうである。しかしこのタヌキ寝入りも、しばしばタヌキの狡猾さを表わす行動として世間には語られているが、実は意識的に死んだふりをするわけではない。これは突然の強い刺激によって自律神経の失調が起こり、それがアドレナリン（副腎髄質ホルモン）の急激な分泌を引き起こして一種のショック状態になるのだと考えられている。これと同じような現象は、北米大陸のオポッサムという有袋類の動物でも知られている。

タヌキやオポッサムに見られるこの「タヌキ寝入り」が、彼らの野生生活で実際にどのような役に立っているかはまだよくわかっていない。しかし、私には少なくともこの北国でのタヌキの生活に、タヌキ寝入りが役立っているようにはどうも見えないのだ。だいいち、死んだ真似などしたところで容赦してくれるほど、北海道の人間も動物も甘くはなさそうである。当たりもしない鉄砲の音に驚いて仮死状態になってひっくり返り、やすやすと捕まるのがおちではあるまいか。

これはやはり、タヌキの野生動物としての不完全さを示すものではないかという気がするのである。タヌキ寝入りが役に立つとすれば、それはどうやら人間社会だけのことではないか。

語るほどにタヌキは駄目な野生動物だという話になってきてしまった。しかし考えて見ると、それにもかかわらず、タヌキが現在まで北海道の自然の中で生き続けてきたのには何か理由があるに相違ない。

現在では北海道のタヌキは急激な減少の道をたどっているが、戦後になって大規模な自然破壊と乱獲が行なわれるようになる以前には、彼ら一族は北海道の全域にわたって少なからず生息していたのであった。この事実から見れば、おそらくタヌキには形態や行動能力面での不利を補うに足る、なにか別の面での生活力があるに違いない。

　そこで考えられるのは、冬の生活に関しては、形態面ではその厚い毛皮であり、生態面では穴ごもりの習性である。

　まずその毛皮について見ると、これは北海道の野生動物の中でもおそらくもっとも暖かい毛皮に違いない。初めて道北で冬のタヌキを入手したとき、私は何よりもまずその豊かな毛並みに息を呑んだものであった。六センチにも及ぶ厚い綿毛が全身をびっしりと覆い、その上には八センチを超える刺毛が倒れる隙間もないほどにギッシリと生え揃っていたのである。

　昔から、とらぬタヌキの皮算用というほどに、内地でもタヌキの毛皮は珍重されているが、北海道では馬追いたちがタヌキの毛皮を首巻きに愛用してきたものであった。キツネなどの毛皮が濡れるとべったりと寝てしまって、保温の働きをしなくなるのにたいして、タヌキの毛皮は濡れても毛が倒れずに暖かいからである。その灰褐色のやや粗い刺毛の手ざわりは、優美さの点ではキタキツネやエゾクロテンには及ばないかも知れない。しかし厚さ、豊かさ、そして保温力では、疑いもなくそれらにまさっている。また同じタヌキの毛皮でも、本州のタヌキに比べて寒い北海道のものは格段の立派さである。

　毛皮は哺乳動物の体の中でも特に環境条件によって変異を生じ易い形質なのであるが、北海道のタヌキ一族は、このもっとも変異を生じやすい形質である毛皮の発達に、北国への適応のすべてを賭けてきたのかも知れないのだ。さきに北海道のタヌキは裸足でつぼ足、といったが、オーバーだけは思いきって厚い上等のやつをしっかり着込んでいるのである。

次に、冬のタヌキの生活を生態面で支えていると思われるのが、穴ごもりの習性である。北海道の中でも多雪と厳寒の地で知られる道北地方などでは、十一月に根雪が山野を覆うと、キタキツネ、エゾクロテン、エゾユキウサギ、ホンドイタチなど、さまざまな動物の足跡が積雪の上に賑やかに記されるようになる。

ところが、そのなかにタヌキの足跡が見られるのは、ほんの時たまである。それでも十二月中はときどき見られるのであるが、それもほとんど天候のおだやかな日に限られていて、一月の半ばを過ぎる頃から三月にかけてはごく稀にしか見られなくなってしまうのだ。

では、この地方にタヌキの生息数がきわめて少ないのかというと、年間に捕獲される頭数から見れば、けっしてそうは思われない。この地方は道内ではまだタヌキが比較的多く残っている所なのである。そうなると、タヌキは生息してはいるが冬の間あまり出歩かないとしか考えられない。

猟師たちの話でも、寒くて雪の多い期間はタヌキは穴にこもっていて出歩かず、そのため捕まえられるのは冬のはじめの頃と春先だといわれている。事実、私のところにこれまでに持ち込まれたタヌキの標本は、すべて一月中旬以前と三月下旬以後に捕獲されたものばかりである。

そこで、ある年のこと、私は冬山を歩き回って実際にタヌキの巣穴を調べて見ることにした。名にしおう豪雪地帯の山の中で、下手なスキーで散々苦労しながらも、それでも私は三つのタヌキの巣穴を見つけることに成功した。

それらの穴はみな、谷あいの南向き斜面の、しかも平地への出合いに近い所にあった。そのうちの一つは、残念ながらすでに近くの人に見つかって三匹のタヌキが捕まえられた後であった。しかし他の二つには、確かにタヌキが穴ごもりをしていたのである。

そのうちの一つには、二匹のタヌキが近くのサケマス孵化場の構内へ往ききした足跡が入口についていた。しかしそれ以外には、入口が無数の足跡で踏み固められているだけで、タヌキが穴から外へ遠出した跡はなかった。

そこで、入口付近の雪を何層かかき除いて古い痕跡を調べ、またその日以前の降雪の記録を調べた結果は、少なくとも十日以上の間、この穴のタヌキは外に出ていないことが明らかであった。また他の一つの穴では、入口付近をラッセルして歩いた跡がわずかに認められるだけで、新しい足跡はまったく見つからなかった。しかし三メートル余りの木の枝を穴の中にさし込むと、何か動くものに触れ、また枝をねじってから引き抜くと、先端のけば立った部分にタヌキの綿毛がついてきた。穴の奥にタヌキがひそんでいることは間違いなかった。

こうして、私はどうやら、冬の間タヌキが穴ごもりをしていることを実際に確かめることができたのであるが、しかし穴ごもりといっても冬中をずっと眠って過ごすシマリスやヒグマと違って、タヌキの場合には何日かに一度は外へ出ている様子である。これは、たとえばヒグマのような完全な穴ごもりとは違い、もちろん冬眠でもない。

では彼らは、ときどき穴の外に出てタップリと栄養を取り、また巣穴に戻って寝るのだろうか。そこで私は、冬に獲れたタヌキの胃内容と、穴の横で採集された糞の分析をして見た。

ところが驚いたことに、その大部分は木の皮らしい繊維と笹の葉だったのである。考えてみても、先に述べたような彼らの雪の中での貧弱な行動能力では、動物を捕食することは困難な気がする。しかしいかに雑食性があるとはいえ、食肉目の動物の単純な消化器では、このようなものから充分な養分を絞り取ることは難しいと思われる。せいぜい「通じ」をよくして消化器の機能を維持するくらいのものではないか、という気さえするのである。

そうなるともう、タヌキが北海道の冬を耐えしのぐために考えられることはひとつ、秋に飽食して体内に栄養を蓄えることである。実際に十二月頃に捕獲されたタヌキを解剖してみると、部分によっては一五ミリにも及ぶ厚い皮下脂肪が、頭から全身を包んで四肢にまでおよんでおり、さらに腹腔内には大きな不定形脂肪の塊りを見ることができる。こんなに大量の脂肪の蓄積は、キタキツネやクロテンなど冬期間活発に活動する動物の身体には、けっして見られないことである。あぶらがつき過ぎては動きがとれないのは人間ばかりではないのだ。

しかしタヌキの場合には、この脂肪こそが彼らの冬の生活を支える重要なエネルギー源であるに違いない。事実、一月中旬に捕獲されたタヌキ二頭に水だけを与えて絶食させて調べたところ、彼らは三カ月近くも生きられることがわかったのである。つまり彼らは、体内に養分を蓄積しておくことと、穴にこもり厚い毛皮にくるまって体力の消耗を防ぐことによって、北海道の冬を凌いでいるのである。

生態学の研究者としてはこのへんで、北海道のタヌキは、その活動面での不利にもかかわらず、食いだめと穴ごもりの習性によって厳しい北国の冬に適応している、と結んで話を終りたいところである。

ところが実は、私はそう言いきる気にはどうもなれない。というのは道北地方などでは雪解けの頃になると、しばしば痩せ細ったタヌキの死体が拾われたり、また残雪の上で走る力もないほどに弱りきっているタヌキが手づかみにされたりするのである。

同じ穴ごもりをする動物でも、ヒグマなどに比べると体が小さいタヌキは、基礎代謝量が高く、しかもそうかといってシマリスなどのように冬眠することによってそれを低く抑えることもできない。それにある程度の活動は冬の間も続けているわけであるから、単位体重あたりのエネルギーの消費量は、ヒグマやシマリスに比べてかなり高いものと予想される。

おそらく、こうしたことからみて、いかに秋に大量の養分を体内に蓄えたとしても、彼らの穴ごもり生活の結末は、かなり危険できわどいものになっていると思われるのである。北海道の山野での冬のタヌキの生活は、意外に凄惨で苛烈なものらしいのだ。私はここに北海道に完全に適応した動物というよりも、北海道に渡来してきた日にちがまだ浅く、多雪地帯への適応の過程にあって悪戦苦闘している動物の姿を見る気がするのである。

北海道、特に道北のような雪の多い場所でタヌキの種族保存を成り立たせているものは、厳しい冬への適応能力よりも、むしろ夏の生活、たとえば幅広い雑食性とか旺盛な繁殖力とかいった面での能力ではないかと思われるのだが、しかしこうした点については、残念ながら、まだ語るべき資料がほとんどない。

話を終ろうとして、まだなんとなく物足りない気がしてきた。どうやら、一人の日本人として、タヌキについて語る以上は、やはり人を化かすことについて論じて話を締めくくらなければいけないようである。

私たち日本人の先祖は古来、狐狸妖怪と称してタヌキは人を化かすものだと固く信じ、それについて真剣に語り合ってきたものであった。もっとも最近では、そのような素朴な人々はすでに絶滅し、タヌキの話が出されるときまって最後には、タヌキよりも人間に化かされるな、というところで落ちになってしまうらしい。

以前、高校の教師をしていた頃のこと、ある年、新しい校長が赴任して来ることになった。伝え聞けば、あだ名は〝タヌキ〟だということであった。そこで私はすぐさまずんぐりとして腹の出た、丸顔の、もしかしたら鼻眼鏡なども掛けているかも知れない人物を想像した。

ところが、当日、私たちの前に現われたのは、意外にも一見紳士風の人物だったのだ。たちまち私は、彼に対して深い不信感を抱いた。外見がタヌキ的でないならば、その心情がタヌキであるに違いない。

私の日頃の考証によれば、北海道では外見がタヌキ的人物にはムジナ、性格がタヌキ的人物にはタヌキといったあだ名がついていることが多いのである。

はたせるかな、彼はタヌキであった。しかし、しばらくするとタヌキは所詮タヌキでしかないことがわかってきた。職員会議などで見せる彼の化かし方はいつも最初からうさんくさく、だいいち、化かす前からたいていネタが割れていて、シッポをつかまれてばかりいたからである。彼の化けの皮をはがすことは、本物のタヌキを解剖するよりもずっと簡単であった。

本格的な化かし屋にはやはり、策士とか陰謀家と言った、ある種の恐れと尊敬をこめた、人間的な呼び方がぴったりするようである。

どうやら日本人の認識と観念の世界においてすら、結局、タヌキはタヌキ的限界を乗り越えられないでいるようである。それに北海道のタヌキときては、厳しい北国の自然や動物との生存競争に精一杯で、とても人間をダマクラかしてなどいる余裕はない、というのが実状ということになるらしい。そのせいか北海道には〝ムジナ〟に化かされたという「体験談」がほとんど残されていない。

私は実はタヌキが好きなのだ。この不思議な動物には、荒々しい野性の魅力や洗練された美しさはない。しかし、その落ちくぼんだ小さな瞳は、いつも青く、美しく澄んでいて、そこには人間によって不当にも着せられた、あの邪悪なイメージのかげりは露ほども見られない。哀しいことに、人間の乱獲と自然破壊によって、近年北海道のタヌキの数はいちじるしく減ってしまい、すでに絶滅した地方も多いようである。私たちはこのどこか不器用な、しかし勇敢にも北国の豪雪地帯に挑みつつある動物を、心ない絶滅から守り、北海道の大自然への適応の過程を暖かく見守ってやりたいものである。

カインの末裔

私の研究室の机の片隅には、古ぼけた手まわしの鉛筆削りがとりつけてある。もう一〇年以上のつきあいになる。この鉛筆削りの上に、白い鳥の糞がこびりついている。こちらの方も随分古ぼけていて、いつの間にかホコリが灰色をにじませている。

私はこの糞を、もう四年ちかくもそのままにしている。鉛筆を削るときには無意識のうちにこれにさわらないようにし、誰かが部屋を掃除してくれるときには鉛筆削りに手をふれないでくれと頼む。べっに鳥の糞に趣味をもっているわけではない。だがなぜか、いまだに私はこれを拭きとる気にはなれないのだ。

実は、これは何年か前に私の手で育てられた一羽のカッコウのヒナが残していったものなのである。

暗い冬の夜ふけなど、仕事に疲れたりすると、私はよく、この古い鉛筆削りの上にポツンと残された小さな鳥の糞に目をとめる。そして、カッコウの明るい歌声が演習林の構内にこだまする初夏の季節を想い、またその明るいイメージとは裏腹な、私の育てたカッコウの孤独な旅立ちの姿を想い出すのである。

カッコウといえば、私は、ある年老いた夫婦の愛情をうたいあげた戯曲を思い出す。死の床にある老人が、年ごとに聞いてきたカッコウの春の喜びの歌声を、もう一度聞いて死にたいと願い、カッコウがやってきて鳴くのを今日か明日かと待ちわびている。その切なる願いを叶えてやりたいと思う年老いた妻は、ついに裏庭に出て精一杯のカッコウの鳴き真似をする。老人はそれを聞き、心満ちたりて息をひきとってゆく――。

暗い冬の季節のあとの、春の日のカッコウの声ほどに、生きてあることの喜びを人々に語りかけるものはあるまい。洋の東西を問わず、いかに多くの詩人や音楽家たちが、この鳥の声に托して生命の歓びをうたったことだろうか。

カッコウは分布の広い鳥である。彼らの分布域は日本列島の全土はもとより、ユーラシア大陸のほとんどすべての地域におよんでいる。そして、そのあらゆる土地で、彼らの名前はその歌声に由来してつけられている。日本ではカッコウ、イギリスではクックック、ロシアではククーシカ、ドイツではクックック、そしてラテン語ではククルスである。このことは、この鳥の歌声がいかに人々に強烈な印象を与えるものであるかを物語っている。

日本列島の山野に、彼らの輝かしい歌声が初めてこだまするのは五月である。しかし、その初鳴日は土地によって異なっていて、南では早く、北になるほど遅くなっている。五月初旬、九州地方での第一声を皮切りに、その喜びの歌声は、ちょうど桜前線が北上するように北へ北へとひろがってゆき、五月下旬に北海道の山野にその歌声がこだましたとき、日本列島は彼らの歌声に満ち満ちていることになる。

これは彼らが南からの渡り鳥だからである。前年の秋に日本を去っていったカッコウは、東南アジアの各地で冬を過し、春になるとふたたび日本の山野に戻ってくるのだ。

ところで、渡り鳥の不思議さは、このように遠くから渡ってくる鳥ほど、その渡来日が正確に一定していることである。北海道の渡り鳥をみても、本州などからやってくる鳥たちの渡来日は、年によってかなりの変動があり、それはその年の気候条件に影響されているように思われる。しかし遠距離を渡ってくる鳥では、一般に渡来日の誤差は驚くほど少ない。それは本格的な渡りになればなるほど、気象以外の、より安定した季節要素である日照時間の変化とか天体の運行などに、その動きが支配されるためと思われる。

ともあれ、人々はカッコウのやってくるころになると、今日か明日かとその声を待ちわび、そして、期待は三日と裏切られることがない。私のいる北大苫小牧演習林では、昭和五十一年の初鳴きは五月二十一日、五十二年は二十三日、五十三年は二十一日、そして五十四年は二十二日である。

毎年、カッコウが初めて鳴いたその日、わが家の夜の食卓では、かならずそのことが話題になり、子供たちは口々に自分がどこでそれを聞いたかを話し合うのが慣わしである。雪深い三月の小川の畔りで、ミソサザイの囀りに始まった鳥たちの春は、このカッコウの歌声によって、その日、最高潮に達したのである。そして私たちは、この北国につかの間の夏がきたことを知る。

ところで、カッコウの初音を聞き、新緑の季節の到来に心を弾ませる人々のなかに、これと前後して、姿形がカッコウとそっくりといってよいほどよく似た、もう一つの鳥が渡ってきていることを知る人は意外に少ないのではあるまいか。

ちょうどカッコウの声が新緑にこだましはじめるそのころ、森の奥からはポポ、ポポポ、ポポという、一種静かな鳴き声が聞えてくる。ツツドリの声である。カッコウの声と共通するのは、単純な調べの、単調なくり返しである。しかしカッコウの歌声の明るい輝きにくらべ、こちらはどこか孤独な隠者の趣きを帯びている。

このまったく異なる鳴き声をもつ二つの鳥が、実は専門家でも見まちがえかねないほど姿形が似ていることを知ったら、驚く人が多いにちがいない。

カッコウとツツドリは、ともにホトトギス科の鳥である。ふつう、近縁な鳥同士は形態がたがいに似ているものであるが、それでも多くの場合は、形態のどこかにはっきりとした相違点をもっている。

たとえば、北大演習林の森には、アカゲラとオオアカゲラというよく似た、ともにアカゲラ属のキツツキがすんでいる。しかし一見似ているとはいっても、この両者は頭部の赤色部分の現われかたや、背中、脇腹の斑紋などに、明瞭な違いがある。

ところがカッコウとツツドリの場合は、ツツドリの方がいくぶんか小さめで、また斑紋が粗い程度の差があるだけで、きわだった相違点は認められない。違うのは歌声である。

しかもその違いは、姿形の類似性をじゅうぶんに拭いさるほどに大きい。

これと似たようなことは、他の鳥のグループにも見られないわけではない。たとえばウグイス科の鳥がそうである。少年のころ、はじめて鳥の図鑑を買った私は、そのウグイス科のページに、姿が寸分も違わないかのような鳥がぎっしりと描かれているのを見て、目を丸くしたことをいまでも覚えている。この図鑑のウグイス科のページを描くとき、画家はどんな思いをしたことだろうか。

だが、ウグイス科の鳥の場合も、歌声の方はまったく別である。ウグイス、センダイムシクイ、エゾムシクイ、エゾセンニュウなど、ウグイス科には美声の歌い手が多い。しかし彼らの囀りには、共通点らしきものはまったく認められない。

このように、近縁でしかも形態的にあまり分化していない鳥のグループでは、つがい形成やなわばり確保のうえで、同種・異種を分ける重要な信号として、囀りを特殊化させているのである。カッコウとツツドリのまったく異なる歌声は、彼らのあまりにも似かよった形態の裏返しなのだ。

むろん、カッコウとツツドリは、鳴き声以外の違いももっている。

両者の声を注意深く聞いてみると、カッコウの声は若い造林地や疎林などの明るく開けた場所から、またツツドリの声は森の奥深くから聞えてくることがわかる。カッコウは草原性、ツツドリは森林性の鳥で、彼らはすみ場所を異にしているのだ。そして、この相違点はまた、彼らの食性や繁殖習性の面での類似性と表裏をなしている。

つまり、習性の多くの面でも互いによく似ており、そのために同じような生活資源を要求するこのイトコ同士は、草原と森にすみ場所を分割することによって、種間の競合を避けているのである。これは、同じ生活型をもつものは同じ場所に共存しないという、ガウゼの仮説にあう実例である。

私たちの演習林では、例年六月に探鳥会が行なわれる。そのとき、カッコウはどんな姿をしているのですか、という質問をよく受ける。

初夏の山野であれほどよく声を聞く鳥でありながら、カッコウはあまり人目につかない鳥なのである。それはカッコウが、その明るく開放的な歌声とは裏腹に、じつは警戒心が強く、その動作がひそやかで素早い鳥だからであろう。彼らは流れる影のように音もなく飛びまわり、くつろいだ姿を人目に曝すことの少ない鳥なのである。茂みから茂みへと、通り魔のように走るその姿には、何か、人目を忍ぶ暗さすら感じられる。

カッコウ

カッコウの、この世間的イメージとは意外にもかけ離れた孤独で翳のある姿は、彼らの特殊で不可思議な托卵習性と無関係ではないように思われる。

よく知られているように、日本に棲む四種のホトトギス科の鳥たち、カッコウ、ツツドリ、ジュウイチ、ホトトギスは、いずれも自分では子供を育てることをしない。彼らは巣を造らず、雌はその卵を他の小鳥たちの巣に産みこむのである。あかの他人の巣に産みこまれた卵からかえったこれらのヒナは、その巣のもとの子である卵やヒナを巣外に押し出し、仮親の愛育を一身に独占して育ってゆく。この乳兄弟殺しの宿命を背負ったヒナにとって、産みの親は永遠のまぼろしである。世間でよく、子育ての義務を放棄する無責任な人間の親を、まるでカッコウかホトトギスのような、などといったりするのは、彼らのこの習性に因んでいる。

現在、世界中のホトトギス科の鳥には一三〇種ちかい種類が記載されているが、そのうちの約五〇種がこの托卵習性をもつことが知られている。もっとも、この特異な習性は、鳥の世界ではかならずしもホトトギス科だけのものではなく、ムクドリモドキ科やミツオシエ科の鳥、さらにはカモの仲間などにもこうした鳥がいて、三十数種があげられている。

しかしこの托卵習性がグループの特徴としてもっともきわだっているのは、なんといってもホトトギス科である。また、これらホトトギス科の鳥の托卵の対象になる鳥は、ウグイス科、モズ科、ヒタキ科、ヒバリ科、ホオジロ科などかなり広い範囲にわたっているが、その多くは食虫性のホトトギス科の鳥よりも体の小さい小鳥である。

それにしても、この托卵習性は、彼らホトトギス科の鳥の、過去のどんな事情に由来するのだろうか。なにしろ、彼らはこの習性を確立するために、進化の過程で大変な作業をしなければならなかったのだ。

第一はまず、仮親をごまかすための装いである。仮親の役を務めさせられる鳥たちにとって、カッコウやツツドリはある意味では捕食者以上の害敵である。安易にどしどしと卵を巣に産みこまれては、たまったものではない。当然、彼らはホトトギス科の鳥たちが自分の巣に近づくのを嫌い、激しくこれを追い払おうとする。そこでカッコウやツツドリたちには、一時的にせよ、この仮親たちを驚かせて追い払ったり、仮親の同族に化けたりする衣装が必要になってくる。つまり擬態である。

鳥類学者は早くから、ホトトギス科のあるものが、不思議なほど猛禽類に似た姿をしていることに気づいていた。羽毛の色だけでなく、その飛び方まで、一見似ているのである。これは一種の攻撃的擬態とみなされている。タカの襲撃と錯覚した仮親が逃げ出したすきに、その巣に卵を産みこもうとするものである。

また外国産のホトトギス科の鳥のなかには、たとえばスズメ目オウチュウ科のオウチュウに托卵するオウチュウカッコウのように、托卵する相手の鳥に驚くほどよく似た形態を完成させているものもいる。これは同族に化けて近づくための擬態である。そのほか、ホトトギス科の中には、ヒナが仮親のヒナと共存して育つものもあって、そのような場合には、今度はヒナの姿が仮親のヒナに酷似している。

さらに彼らは、この托卵による繁殖を成功させるためには、形態だけでなく産卵習性までいちじるしく特殊化させる必要があった。

ふつう、鳥は生理の進行にあわせて営巣や交尾を行ない、やがて巣が完成するところに一日一個ずつ卵を産んでゆく。そして全卵を産み終ってから抱卵をはじめる。

ところが自分で巣を造らないカッコウの場合は、産卵行動を托卵する相手の鳥たちのスケジュールに合わせなければならないのである。これはなんと大変なことだろうか。

カッコウやツツドリの雌は、ホーム・レンジ（行動圏）内の小鳥の巣を探し歩き、小鳥たちが巣を完成して卵を産みはじめてから産み終るまでの間に、つまり抱卵をはじめる前に、自分の卵を産みこまなくてはならないのだ。小鳥たちが抱卵をはじめてから産みこんだのでは、自分の産みこんだ卵の孵化が、巣のもともとの卵の孵化よりも遅れることになり、そうなると先に孵化したヒナたちに体力がついてしまうため、カッコウのヒナは彼らを押し出して巣を独占することができなくなってしまうからである。

しかもカッコウは、その種族保存のためには一シーズンに一回、一個だけの托卵をすればよいというわけにはいかず、一シーズンの間にいくつもの小鳥の巣に卵を産みこまなくてはならないはずである。ところが、その小鳥たちは、いうまでもなく個々バラバラに繁殖を行なうのであるから、産卵の時期もまちまちである。そうなると、カッコウは個々の鳥の産卵の時期に合わせて、一個ずつ産卵しなければならない。相手に合わせて産卵の時期を調節するというこの困難な問題を、彼らの生理はどのようにして処理しているのか。

また、産卵習性が特異なだけでなく、こうして産み落とされる彼らの卵自体も、いくつかの特異な性質をもっている。まず卵の大きさである。彼らの卵はその体の割にかなり小型である。これは明らかに托卵する相手の小鳥の卵の大きさに対応しての特殊化と思われる。しかしそうかといって、彼らの卵が小鳥たちの卵と同じ大きさというわけではない。少し大きいのである。そして実は、これが大切なのだ。というのも、鳥は一般に、小さな卵よりも大き目の卵を大切にする傾向をもっている。だから、大体同じだがやや大きい、ということが托卵のためにはもっとも有利なのだ。

ところで、鳥の卵は種類ごとに固有の色彩と斑紋をもっている。カッコウはこの問題にはどう対処しているのか。

驚くべきことに、彼らは地域ごとにもっとも主要な托卵相手の卵によく似た斑紋の卵を産んでいる。これは地域ごとの彼らの個体群のなかに遺伝的に受けつがれているものと思われているが、ともかく同じカッコウが、托卵のために何種類もの斑紋を用意しているのである。

さて次に、こうして小鳥の巣に産みこまれた卵は、仮親の卵と一緒に温められて孵化することになる。抱卵が始まる前に産みこまれるカッコウの卵は、胚発生のスタートは仮親自身の卵と一緒のはずである。だが一般に、大型の鳥の卵は孵化に要する日数が多くかかり、そしてカッコウの卵は仮親の小鳥の卵よりも大型である。するとカッコウのヒナが卵からかえったときには仮親のヒナたちはすでに何日か前に孵化して体力をつけているのではないか。それでは困るのである。なにしろカッコウのヒナは、孵化すると同時に、仮親の実子たちを巣の外にほうり出すという荒仕事をやり遂げねばならないのだから。

ところが実際は、カッコウの卵は大型であるのにもかかわらず、小さな仮親の卵よりも早く孵化するのである。カッコウの卵は、胚発生のスピードが異常に早いのか、あるいは産卵の時点である程度発生が進んでいるのか、ともかく仮親のヒナたちと同時か、それよりも早く孵化し、そのまさに一日の長を利して彼らを巣の外に押し出すのである。

驚くべきことに、この時期のカッコウのヒナには自分の体にふれるものを片端から背中に乗せて巣の外に押し出してしまう習性があり、おまけにその背中には、丸い卵を乗せるのに都合のよい凹みまでついている。

こうして思いつくままにあげてみただけでも、ホトトギス科の鳥はその托卵習性を完成するために、なんと大変なことを身につけねばならなかったことだろう。

しかもなお、これはけっして歩留まりのよい方法とは思われない。このむずかしい仕事には、たくさんの失敗や無駄があると見られるからだ。

托卵習性はどうみても、楽な方法でもなければ、得な方法だとも思われないのである。こんなことをするくらいならば、もっとまともな進化をめざしたほうがよかったのではないか。いったいどうして、こんな特殊化への道に彼らは踏みこんだのだろうか。

生物の進化はあともどりのきかぬものである。ひとたび、ある特殊化への道を歩みだしたものは、その極端な究極にまで進まなければならぬものらしい。

そんなことを思いながら聞くと、人間である私の耳にはなぜか、カッコウの声は、生き物の業に身を灼くものの悲痛な叫びに聞えてきたりもするのである。

ホトトギス科の鳥のこうした徹底した托卵習性に関して、私はつねづね疑問に思い続けていることがある。それは彼らの世界における社会関係の形成の問題である。

高等な脊椎動物の場合、社会関係を結ぶ同種個体の認識はかならずしも先天的なものではなく、多くは成長の初期のあるかぎられた時期に、保育者（ふつうは親）の姿が心理的に刷りこまれるのである。鳥類の場合、その刷りこみは巣立ち前後に行なわれると思われている。

とすれば、カッコウのヒナは、仮親のモズやオオヨシキリを刷りこんでしまわないか。しかもこの刷りこみは不可逆的性質が強いとされているのだ。つまり刷りなおしは一般にむずかしいのである。もしも社会生活の対象として自分とは異種の仮親の種族を刷りこんでしまうとなると、種族保存に不可欠な彼らの同族間の個体関係はどうして結ばれるのだろうか。

また、養い親のほうから考えれば、モズやオオヨシキリをはじめとする小鳥たちは、ホトトギス科の鳥の姿を極端に嫌い、彼らを見つけると激しく攻撃する性質を持っている。懸命に育ててきたヒナ鳥が、徐々に自分たちの忌み嫌うホトトギス科の鳥の姿を現わしてくる事態を、養い親たちはどう受けとめるのだろうか。子別れは動物社会の常である。しかし、自分の養ってきたヒナ鳥が同種のライバルにきりかわる一般の子別れと、それが、もっとも忌み嫌う害敵の一羽にきりかわるこの子別れとでは、内容は異質である。この子別れのプロセスはどのようなものだろうか。

そこで私は、自分が育てた一羽のカッコウのヒナ鳥のことを思い出さないではいられない。

私の部屋に街の人が見つけた一羽のカッコウのヒナが持ちこまれたのは、ある初夏の日のことだった。ヒナ鳥は衰弱していたが、こういうことには、私は慣れている。私は彼を手もとにおき、独立するまで養ってやることにした。

養いはじめてみての私の驚きは、このカッコウのヒナの、あまりの愛らしさであった。ふつう鳥の親が保育行動を触発されるためのヒナ鳥からの刺激は、ヒナ鳥のもつ丸い体型、大きくあけられた口、その中の鮮やかな色彩、それにか細い鳴き声とうずくまって翼をふるわせる甘えの姿態などである。親鳥はこうしたものに刺激され、これらに反応して保育行動にかりたてられる。そして、このカッコウのヒナほどにこうしたヒナ鳥の武器を豊かにそなえたものを、私ははじめて見る思いであった。それは人間である私でさえ、護ってやらなければいられない気になるほどに、頼りなくいたいけな姿だったのだ。

それに、このヒナの私に対する慕いよりかたも、一種異様なほどのものであった。私のところに持ちこまれる野鳥の孤児たちは、みなそれぞれに私になつき、いろいろな思い出を残してゆく。好奇心の強いものもあり、またやたらと動きまわるものもあったりして、ヒナたちはそれぞれに種族の特徴を表わすものである。

このカッコウのヒナの場合、その特徴は、ひたすらに養い親に慕い寄り、愛らしさのすべてを動員して餌をねだることであった。私は親鳥の孤独な姿とはまったく裏腹なこの愛らしさのなかに、不特定の種類の仮親の子として育たねばならないホトトギス科の鳥のヒナたちの宿命を見る思いがした。

ただ、どういうものか、このヒナは甘えて餌をねだる以外のことはほとんど何もしない鳥であった。しかしともかく、この、ただ愛らしく、おとなしいカッコウのヒナと私とは親密な関係が続いてゆくようであった。

ところが、やがて彼が順調に育ち、自由にあたりを飛びまわったり、自分で餌を食べたりすることができるようになってきたころ、この鳥の私に対する反応には、突然に変化がおこりはじめたのである。彼はなぜか急に私に対する関心を失いはじめ、私の身近にある餌入れのシャーレにしか注意をはらわなくなってきたのだ。もともと放し飼いの鳥である。彼はたちまち、私の部屋にすら寄りつかなくなっていった。他の鳥、たとえばカケスなどの場合は、独りだちするようになってますます私との関係が深いものになったものだっただけに、私はこの突然の変化に驚いたが、私たちの関係はもう二度ともとに戻ることはなかった。

ちょうどそのころ、三日間の旅行をした私が帰ってきたとき、すでに彼は私とはまったく無縁の一羽の野鳥になっていた。それはもう、樹木の繁みから繁みへと、影のように秘やかに走る孤独なカッコウの姿そのものであった。そして、やがて間もなくやってきた夏の終りとともに、彼の姿はいつか構内からも消えてしまった。

ひたむきな仮親への依存と突然の独りだち。ここにホトトギス科の鳥の種族保存の秘密がかくされているように私には思われた。

ともあれ、私の育てた一羽のカッコウがいなくなったあと、私のもとには鉛筆削りの上の白い糞だけが残されたのであった。

夜更けの研究室での時間は、私にとって一日のなかでも大切なひとときである。しかしときには重い疲労が全身を覆い、私は一人途方にくれる。そんなとき、私の心はよくとりとめもない夢想や追憶の世界につかの間の安らぎを求めてさまよい出してゆく。

暗い冬の夜などの、ちょうどそんなおりに、ふと、古い鉛筆削りの上の白い糞に目が止ったりすると、私はこれを残していった一羽の鳥の、あのひたむきな愛らしさと、不思議な独りだちの姿とを思い返さずにはいられない。

しかし私はいつも、孤独な旅立ちをしたあのカッコウが、溢れるような輝かしい喜びの歌声とともに、新緑の森に帰ってくることを何とはなしに夢想している自分に気がつくのである。四年の歳月がたち、その望みがなくなったいまでも、私はやはり、小さな足環をつけた私のカッコウの歌声が初夏の森にこだまする日をときどき夢見ている。

種の輪郭

北海道の原野や湿地帯にたくさん住んでいて、しばしば林業上の害獣として問題になるエゾヤチネズミは、頭と胴の長さを合わせてもせいぜい一二センチ足らずの野ねずみである。

それに、同じ北海道の野ねずみ仲間でも、洗練されたスタイルと美しい色を持ったアカネズミやヒメネズミに比べると、こちらは、ずいぶん野暮ったい風采をしている。手足、尾、耳が短くて体全体がずんぐりしているうえ、ひどく間のぬけた丸顔に小さな目がポチポチとついている。細面をしたヒメネズミの、大きなうるんだ目などとはえらい違いである。

北海道にいる野ねずみには、ネズミ亜科に属するものと、ハタネズミ亜科に属するものとがあって、アカネズミ、カラフトアカネズミとヒメネズミは前者で、彼らは家屋に住むドブネズミやクマネズミと共通のいわゆるネズミ型の体型をしている。

これに対して、エゾヤチネズミと、これに似て少し小型のミカドネズミは、ハタネズミ亜科の方に属し、この亜科に共通の田舎臭い体型をしているのである。

ところが、林業家には悪名の高い、しかも風采のまったく上がらぬこの野ねずみは、大英帝国の貴族の名に因んだ高貴な学名を持っている。

明治時代に採集と調査のため北海道を訪れた英国人アンダーソンの採集した標本のなかに、石狩の新篠津でとれた一頭の雄の野ねずみがあった。アンダーソンの集めた標本は、彼の帰国後、この採集旅行のパトロンであったベッドフォード（Bedford）公爵によって大英博物館に寄贈されたが、ここでこの新篠津でとれた野ねずみを調べたO・トーマスは、これを大陸産のヤチネズミとは違う新種と認めたのであった。

そこで彼は、この新種の記載をベッドフォード公爵夫人に捧げることにし、学名を*Evotomys bedfordiae*として、一八五〇年にこれを発表したのである。まさか公爵夫人がエゾヤチネズミに似た気の毒な容貌の持主だったとは思われず、これは研究者としての学問の後援者に対する純粋な敬意の表明であったと思われる。

さて、このトーマスのつけた学名*Evotomys bedfordiae*であるが、先の*Evotomys*は属名、二番目の*bedfordiae*が種名である。ところが現在ではこの学名は使われておらず、日本の動物学者の多くは*Clethrionomys rufocanus bedfordiae*を使っている。学名に三つ名前が並んでいる場合の三番目は亜種名であるから、エゾヤチネズミは、現在ではユーラシア大陸に広く分布するタイリクヤチネズミ*Clethrionomys rufocanus*の一亜種として取りあつかわれていることになり、また属名もかわっている。

実は、こうなるまでに、いろいろと論議の歴史があったのである。

そもそも、ヤチネズミというものがはじめて記載されたのは一八四六年のことで、スウェーデン産のものが*Hypudaeus rufocanus*と命名されたのが最初である。その後、属名の*Hypudaeus*は*Evotomys*に改められたが、先の大英博物館のトーマスは北海道産のヤチネズミをこの*Evotomys rufocanus*とは独立した別種と認めて*E. bedfordiae*と命名したわけである。トーマスが別種にする理由としてあげたのは、外部形態全般や頭骨は*rufocanus*に似ているが、歯が強大であること、体色はむしろヨーロッパに住む別のヤチネズミ*E. glareolus*にちかく、また尾の毛が少なく、鱗環（ネズミ類などの尾の皮膚に見られる環状のひだ）をおおっていないことなどであった。

ところがその後、一九二六年になって、ヒントンという学者が世界のネズミ類の分類についてまとめた際に、彼はエゾヤチネズミを本州から記録されていた他の三つのヤチネズミたちとともに*rufocanus*の一亜種*E. rufocanus smithii*にまとめてしまった。以来、日本の研究者たちの多くは、エゾヤチネズミをタイリクヤチネズミの亜種として考えてきている。ただし、エゾヤチネズミを本州のヤチネズミと同じ亜種とすることには疑問が出され、徳田御稔氏は一九三二年にエゾヤチネズミの学名を*Clethrionomys rufocanus bedfordiae*とした。これが現在、普通に使われている学名である。

エゾヤチネズミ

しかし、この間にも、北海道の野ねずみ類研究の創始者の一人である木下栄治郎氏は、独立種名として*bedfordiae*を使っているし、その他にも独立種としてとりあつかった文献も見られるようである。いまのところ、一応論議はないものの、北海道のエゾヤチネズミと大陸産のタイリクヤチネズミの関係については、今後また論議の出る可能性がないわけではけっしてない。

また、北海道の属島である利尻島や大黒島に住むヤチネズミは、本島のヤチネズミよりも大型で頭骨や歯も強大であるが、これが同種か異種かについては今も意見が対立していて、こちらの方は間違いなく今後も論議がつづきそうである。

少しややこしい話になってしまったが、なんでもないように見える小さな動物の背中にも、分類学の論議の歴史があるのである。そして問題の中心はなんといっても、大陸のヤチネズミと北海道のヤチネズミ、また北海道本島のヤチネズミと大黒島、利尻島のヤチネズミが同種か異種かということである。

だが、そう言っては叱られるかも知れないが、これはどうも水かけ論のにおいがする。水かけ論とはつまり、客観的な根拠や基準のないところでの主観や判断の衝突である。

この場合、歯や毛色や尾の形状に違う特徴が出ている、ということはそのまま認めるとしても、それだから別種だ、という根拠は別にないし、だからといって、他の部分はよく似ているから同種、という保証もないのである。ここが同じだから同種だ、という判断と、いやここが違うから別種だ、という判断をつき合わせる際に、どこがどう同じなら同種、どこがどう違えば別種ということについての共通の基準と根拠がなければ、正しい結論を出すのは論理的に無理な話なのだ。数の多い方に落ちついたり、地位の高い者の意見が通ったり、あるいは声の大きい方が勝ったりもしかねない。

そもそも、分類学にたずさわる人たちは、二つの傾向に分かれるとよく言われる。その一つは細分屋と呼ばれ、標本を詳しく調べていろいろな相異点を見つけ出しては細かく種を分けてゆこうとする。

しかし、標本を調べるうちに見つかるいろいろな特徴を、何でもかんでも種を分ける基準にして分類をしてしまったりすると、その結果はずいぶんおかしなものになる。北海道のヒグマに毛色の赤っぽいのや黒いのや大きいのや小さいのがいるからといって、ただそれだけの理由でこれをいくつもの種に分けようとした人がいたが、この伝でゆくと、わが家の家族なども何種類かに分けられかねない。またある人の細かく分けたコウモリの分類基準によって、別の人がコウモリの同定をしたところ、右半身と左半身で種類の違うコウモリが出てきた、などという笑い話もある。

これに対するもう一つの傾向の人々は、まとめ屋と呼ばれる。こちらは細分主義に対する統合主義で、分けることよりもまとめることに力がはいる。

この傾向の人たちは、あまりにも細分されている種を統合し、これによって分類体系を簡潔でしっかりしたものにしようとする。だが、こちらの方にもいろいろと問題があって、たとえば、昔、ある統合主義者の偉い先生は標本を見るのにわざわざ部屋を暗くしたそうである。あまり明るいと細かい特徴などがはっきりと目につき過ぎて仕事がしにくいというのである。

しかしこうなると、もう最初からまとめようという先入観念が見えてしまっていて、真理の探求に不可欠なはずの客観性というものがどこかへ行ってしまっているように思えるし、第一、厳密に詳しく調べるということは、やはりどんなときにも科学の基本のはずである。

こんなわけで、細分主義者と統合主義者が生物の分類のいろいろな場面で顔を合わせると、両者は互いに意見が合わない。というよりも、合うわけがないといった方がよいかもしれない。

だが、もしも分類学の論議が、これは柿右衛門だ、いや違うといって互いにお皿をひねくりまわす骨董屋の論議とかわらないとなると、これは大変なことである。生物の分類は、なんといっても、生物学の基礎をなすものだからだ。

もしかするとこれは、私の無知ゆえのまずいたとえ話で、骨董屋さんには叱られるかもしれない。現代の骨董屋さんたちは、ちゃんと科学的手法をとり入れてお皿を鑑定しているかもしれないのだから。

ここで、生物を分類するということの出発点に戻って、少し考えてみる必要がありそうである。

まず、あらゆるものの存在は二つの側面をそなえている。それは普遍性と独自性、つまり他のものと似通った面と違う面である。そして、私たちが複雑な自然を把握しようとするにあたっての第一の作業は、この普遍性と独自性の両面の認識に基づく対象の整理と体系化である。

むろん、このことは生物の世界でも同様で、あらゆる生物は普遍性と独自性の二面をもっている。たとえば、私たち人間はみな、全身が直立し、五本指で親指の対向した手をもち、体毛が少なく、また顔面は両眼が前面に並び、口吻部がひっこんでいる、等々の人間としての共通点（普遍性）をもっている。もしも全身に毛が生え、二足歩行もおぼつかないグループがヒマラヤなどで発見されたりすると、それが人間であるかどうかは当然論議の対象になる。

しかし一方ではまた、すべての人間はみなかならず他人にはない特徴（独自性）をもっている。自分の兄弟や子供たちを見ても、同じ両親から生まれたのにどうしてこんなに、と思うくらい顔つきも性格もまちまちである。たとえ一卵性双生児であっても、やはりどこかは違っている。地球上の四〇億の人間のなかに、まったく同じ人間というものは存在しないのである。

しかもこの、動物の一種としてのヒト *Homo sapiens* の全体にまたがる普遍性と、一人ひとりの個人的特異性の間には、民族間の特異性と民族内の共通性、部族間の特異性と部族内の共通性といった中間段階がある。

また逆に、もう少し目をひろげてヒトとチンパンジーを比べると、この両者はむろんいろいろな点で違っているが、同時に非常にたくさんの共通点ももっており、しかもそのなかのあるものは、ニホンザルやヒヒなどにはない類人猿とヒトだけに共通な特徴である。

しかし、ヒトやチンパンジーにニホンザルやヒヒなどのサルを加えた範囲の内にも、多くの共通点があり、そのなかには、ネコやウシにはない、霊長類だけに共通するものが含まれている。

こうしてだんだんと対象をひろげてゆくと、しまいには、私たちは動物界全体に通じる共通点と、動物と植物を分ける特異点にたどりつき、さらには、動植物を含めた生物界全体の普遍的特性に到達する。

こうしてみると、あらゆる生物がもっている普遍性と独自性という二つの側面は、けっして単純なものではなく、普遍性の面には、生物界全体におよぶものから種またはそれ以下の小さな範囲のなかだけのものまであり、また独自性の面にも、生物と無生物を分ける特性から、ひとつひとつの個体の特徴にいたるまで、やはり複雑な段階性が認められるのである。

そこで、このような複雑な普遍性と独自性のからまりを解析して、生物界を多数の小さなまとまりから少数の大きなまとまりへと整理してゆくのが生物分類学の仕事であるといっていい。これによって私たちは、複雑きわまりない生物の世界を、初めて体系的に認識することが可能になるのである。

生物の世界の体系的把握の試みは、遠くギリシャ時代にさかのぼることが出来る。紀元前四世紀のギリシャ最大の哲学者の一人アリストテレスは、本質的に性質が似ている個体の集まりを種（eidos）とし、また互いに似た種の集まりを属（genus）として、五百種類の動物の記載を行なっている。

しかし、広汎な生物界の分類という壮大な仕事に挑み、はじめて大きな仕事をなしとげたのは、十八世紀のスウェーデンの偉大な博物学者C・リンネである。

彼は大著『自然の体系』（Systema Naturae）と『植物の種』（Species Plantarum）によって、一万種を超える動植物の記載を行なうとともに、界・綱・目・属の分類段階を採用してこれらを整理した。つまり、生物のもつ普遍性と独自性をこれらの諸段階でとりあつかうことによって、彼は複雑きわまりない生物の世界を体系的に把握しようとしたのである。

しかしながら、この生物の世界の体系化という点では、リンネはまだ成功の域に達したとはいえなかった。それは世界中の生物についてのもっと膨大な知識が集積された、後の時代になってはじめて可能なことだったのだ。

むしろ彼の業績は、種を基本単位として簡潔ですぐれた記載を行ない、また異名を整理し、分類の形式を定めることによって今日の分類学の基礎を築いたことにあった。では、リンネは、みずから生物分類の基本単位とした種について、どのような考えをもっていたのだろうか。

実は近代生物学における種の概念については、リンネ以前の十七世紀に、イギリスの植物学者レイがその規定を試みている。レイは、生物界のもっとも小さなまとまりであり、形質的に同じでしかも繁殖して同じ子孫を作ることのできる単位を種（species）と呼ぶことを提唱した。

こうした観点を受け継いだリンネは、広範囲の資料を総合して、この種という現象が、広い生物の世界全体を覆うものであることをはじめて実証して見せたのである。彼は観察しうるすべての動植物を、実際に種に分けることに成功した。

しかもリンネによれば、種はけっして学者の知性が生みだした単位ではなく、自然界に実在し、自然界が学者に認識を迫る単位であった。

この、種が生物の基本的存在様式であり、全生物界がこの基本単位をもとに構成されていることを明らかにしたところに、リンネの業績の大きな意義があったといっていい。

ところで、リンネの仕事の特徴は、同種内では均一で異種間では不連続な形質に、徹底して目を向けたことであった。彼は同種内の個体間の差異には目をつぶったのである。むしろ、この種内変異を無視したところに、彼の成功があったといえる。

もっともリンネも、明らかに同じ種類の植物の中に花の色や花弁の形の異なるものがあることなどを認めているが、彼はこうしたものを変種としている。これによって種の標準的形態の一様性を保持し、また種の標準型からはみ出すような形態の統一をも図ったのである。

だが、その後さまざまな分野での分類の仕事が進み、資料の集積が行なわれるにつれて明らかになってきたのは、あまりにも多様で普遍的な種内変異の実態であった。そこでつぎつぎと変種の記載が行なわれるようになり、標準型とみなされる種の周囲に変種がむらがるようなありさまになってきてしまった。その結果、分類学者たちは、種が全生物界を組織しているという見方を捨てるか、それとも種内の多様性を許容して認めるかの選択を迫られることになった。生物学は種内変異の問題を直視せざるを得なくなってきたのである。

そこで、この変異性の問題に真向から取り組んだのが、十九世紀のC・ダーウィンであった。彼はリンネとは逆に、変異性をあらゆる生物の種がもつ、もっとも重要な属性のひとつととらえ、この変異性とそこに働く生存競争をもとにしての選択（淘汰）が、生物に進化をもたらしてきたのだと考えた。これが彼の自然淘汰説である。

生物の種が均質であるとともに恒久的なものであると考え、だからエホバの神が造り給うただけの数の種が存在するとしたリンネとは逆に、ダーウィンは生物の種は基本的に不均一なものであると考え、そしてそれゆえに、少数の下等な生物から多数の高等な生物へと進化してきたと考えたのである。

だが、そのダーウィンの残した言葉に、「種の輪郭はあいまいである」、という一言がある。偉大な進化論の樹立者であるとともに今日の生態学の源流でもあるこの巨人は、生存競争における種内関係と種間関係のもつ意味の違いに気づかなかったように、変異の面でも種内の変異と種間の差異を区別して見ることが出来なかったようである。

しかしこれは、長年にわたるフジツボ類の研究の中で、そのあまりにも多様な変異の実態を目のあたりにして、種間に横たわっているはずの境界線を明瞭な形でおさえることがいかにむずかしいかをつぶさに経験した、彼のいつわらざる実感でもあったに違いない。

彼の進化論は、生物進化の基本単位をあくまでも種におくところから構築されたものであった。ところが、その種の輪郭がぼやけていて、そのはしはしで他の種に連続しているように見えることは、彼にとって、けっして喜ばしいことではなかったのではないかと思われる。そうなると、この言葉は、ダーウィンの嘆きの声に聞えなくもないのである。

レイやリンネの種の不変の概念に対立して、種が分化し、また変化しつつ発展するものであることを明らかにしたダーウィンは、それと同時に、種の境界まで見失ってしまい、種というものが変異し、進化するという不安定性の面とともに、常に独自の立場を失わない安定性の面をもつものでもあるという、統一的な理解には到達できなかったのだ。

生物の種が分類の便宜のための人間の思惟の産物でなく、実在する生物界の構成単位であり、しかも多様な変異を内包しつつも明瞭な輪郭をもって互いに接しあっているものであることを、形態の面だけでなく生態や生理や遺伝などの面をもふまえて論ずる生物学者が現われてきたのは、一九四〇年代にはいってからのことであった。

アメリカの鳥学者マイヤーは、さまざまな鳥の種類がみなそれぞれに分布の限界をもっていて、いつとはなしに他の類縁種に移行しているようなことは実際にはほとんど見られないことに気づいた。このことから彼は、生物の種が明瞭な輪郭をもって自然界に存在するものであり、類縁種は互いに隔離の機構によって独立していると主張した。

隔離とは、近縁な生物の集団がお互いに交配されることのない別々の繁殖集団に分かれることである。この隔離には異所的隔離、つまり集団が互いに隔たった地理的分布域をもつことによる隔離と、同所的隔離、すなわち互いに同じ地域内に住みながらいろいろな機構によって交雑が妨げられているものとがある。

マイヤーは、同所的隔離をさらに交配前の隔離と交配後の隔離に分け、そのそれぞれにいくつもの段階があることを明らかにした。

すなわち、交配前の隔離には、異種の成熟した雌雄同士が出合わない場合（時期的、場所的隔離）、出合うが、異種同士ではつがいが形成されない場合（行動的隔離）、つがいは組まれるが完全な交配が起こらない場合などがあるのである。だから、一般にはあまり知られていないようであるが、人工受精をさせればフナとコイはおろかフナとドジョウでさえ雑種が出来るのに、野外ではそんな雑種はまず見られないのだ。

また交配後の隔離にも、交配はするが受精が行なわれない、受精は行なわれるが胚発生が完全には行なわれない、発生は行なわれて子供はできるがその子供に繁殖能力がない、などの段階があるのである。

このようなさまざまな機構で交雑を妨げられることによって、生物の種は近隣の類縁種と混じりあうことなく独立性を保っているわけである。

むろん、野外でも、ときに雑種が見られないことはない。しかしそれはたいていの場合、拡がってゆかないか、あるいは消滅してゆく運命にあるのだ。

分類学や発生学の立場からこのような意見が出されてきた一方で、生態学者の立場からも種についての新しい見方が示されてきた。

ロシアの生態学者N・A・セヴェルツォフは、生物の個体はそれぞれ独自の生活要求をもつものであり、その意味では他のあらゆる生物の個体と矛盾関係にあるが、そのなかで同種個体間の矛盾は異種個体間のそれとちがって、破壊的な結果をもたらさないようにつねに調整されていることに注目した。同じ獲物を奪い合うオオカミ同士、同じ雌をめぐって対立する雄ジカ同士などの闘いは、たとえそれがどんなに激しくても殺しあいになることは実際にはほとんどない。それは、それぞれの種に固有の形態や行動のなかに、同種個体間の争いが殺しあいにまで発展するのを防ぐ機構が含まれているからである。

彼はこのような関係を〝適合〟とよび、この適合が同種内の親と子、雄と雌、雄と雄、雌と雌などをはじめとする諸関係に広く認められることを具体的に明らかにした。

こうして、生物の種というものが単に形態的に独自性を保っている集団であるというだけでなく、さまざまな適合関係によって結ばれ、統一的な構造と機能をもって自然界で特定の役割を果たしている集団であることが明らかにされてきたのである。

マイヤーやセヴェルツォフの観点に立って考えるならば、種を分かつ基準は、けっして形態の差異の大小にあるのではない。見た目の形態的差異がいかに顕著でも同種と見なすべきものもあれば、逆に見た目の差異が人の目には微妙なものに過ぎなくても別種と見なすべきものもありうることになる。

いうまでもなく、種類が膨大でしかも十分な研究もまだなされていないような動物群の分類には、形態による鑑別分類の作業の段階は欠かせないものである。しかし、種類数も少なく、またいろいろな知見の集積の進んだ哺乳類や鳥類などの分類では、集団としての独立性と統一性の検証こそが分類のきめ手となるべきなのである。

そのためには、問題となる動物グループ間の地理的、生態的分布関係の把握、生活史の比較、野外での生殖隔離の有無の確認などをはじめとする広範囲の調査を、精細な形態の比較と並行して行なうことが必要になってくる。

そして、種の実体像を浮き彫りしようとするこうした努力のうちに、悠久の時代を生き抜いて発展してきた生物の進化の謎を解く扉が、はじめて少しずつ開かれてくるのだ。

気がついてみると、エゾヤチネズミの話から始めておきながら、ついねずみの話ではなくなってしまったらしい。だが、同種か異種かというような分類論争では、それぞれに問題の道すじをふりかえり、それをふまえての観点をもって論議に臨むのでなければ、科学の道からはずれた水かけ論になりかねないということである。

それに、種の実像を把握しようとする作業は、けっして区分けと整理だけの問題ではない。それは地球上の生物の存在の根底に迫るものなのだ。

しかしこのへんで、そろそろ最初のエゾヤチネズミの話に戻って、エゾヤチネズミの分類についてのお前自身の意見を言え、といわれそうである。

だが、私はここで下りることにしたい。実を言うと、私の研究対象は鳥と淡水魚で、野ねずみの分類の専門家ではない。いわば野次馬なのだ。勝手な一般論を言うだけ言ったら、あとはもう三十六計逃げるにしかずである。

ただ、どうか十分な研究と論議のうえ、この小さくて野暮臭いが大変バイタリティーに富んだネズミの、生物界での身分と立場を、早くはっきりさせてやっていただきたいものである。

ヒグマ数理学

厳寒期の二月のある朝のことであった。私は玄関の戸を叩いて大声で怒鳴る声に、目を覚まされた。道北にある中川演習林にいた頃のことである。

「オーイ。大将、大将はおるか」

その声はどうやら、猟師の高村の爺さんの声である。日ごろ爺さんからは標本用に獲物を分けて貰っており、世話になっている。今朝も何か持ってきてくれたのかもしれない。なおも爺さんは、ドンドンと戸を叩きつづけている。

「大将、起きろ。オーイ」

当時、単身赴任していた私は、ねぼけまなこをこすりながら、玄関の戸を開けに立った。猛烈に寒い。気温は零下三〇度を優に超えているようである。ようやく戸をあけると、そこに頬かぶりをした爺さんが、雪だらけの姿で立っていて、いきなり私に言った。

「北海道にクマは何匹おるんだ」

出合いがしらの難問に、私は思わず目をむいた。

「いったい、どうしたんですか」

「北海道にクマは何匹おるのか、それをわしは知りたい」

「――。まず、寒いから中へはいって下さい」

「いや、そうもしておれん。わしはそれを聞いてから、今日、札幌へ行こうと思っとる」

「ひどく真剣なその様子に、私はともかく彼を家へ入れ、話を聞くことにした。冷えきっている部屋に、私がストーブの火をつけている間ももどかしげに、爺さんは話しはじめた。

「クマを護ってやらねばならん」

聞けば、爺さんは昨夜一晩中、まんじりともせずに北海道のヒグマのことを考えつづけてきたのだという。

高村の爺さんは、道北では名うてのクマ撃ちである。長年にわたって道北のヒグマを追いつづけ、これまでに仕止めたヒグマの数は五〇頭を下らない。

だが、と爺さんは言うのだ。この数年、この地方のヒグマの数はめっきり少なくなってしまった。わしらはクマを撃ち過ぎたのではないか。そう思い始めて以来、ここ二、三年の間、爺さんはクマ撃ちをふっつりとやめていると言うのである。

爺さんは、昔のクマ撃ちの話をはじめた。若い頃から開拓農民として北海道の原野で暮してきた爺さんにとって、クマ撃ちは、いわば唯一の生きがいであった。心身ともに剛毅に生まれついたこの男にとって、巨大な野獣に命を賭して立ち向う一瞬こそは生きている証しでもあったのである。貧しい生活に耐え、過酷な労働に耐えて、ただ黙々と生きつづけるほかに何もないといってよかったこの僻地の開拓農民にとって、ヒグマこそは全身の血を燃えたぎらせる唯一の相手だったのだ。爺さんは旧式の村田銃一丁を頼りに、死にもの狂いでヒグマに立ち向い、これをうち倒してきた。

しかし、爺さんはいま、しみじみと語るのである。

「わしは、どういうものか昨晩、クマのことを考えだして眠れなくなったんだ。わしはたくさんのクマを撃ってきた。だが、あんな偉い生き物はおらん。あれは、大きくて、強くて、賢い生き物だ。あんなドエラい生き物を滅ぼしてはならんと思う」

私はいつか、爺さんの話にひきこまれていった。

「クマは、わしらの子々孫々にまで残さねばならん生き物だ。わしはこれからクマを護らねばならん。あれは、本当に恐ろしいケダモノだが、とにかくドエラい奴なんだ」

爺さんの寝不足で赤い目は、いつか底に光りを湛えている。爺さんは、これから札幌の道庁に行き、担当の役人にヒグマの保護を訴えようというのである。

そこで爺さんは、何はともあれ、まず北海道にクマが何匹いるかを知らなければならない、というのであった。それがわからなければどれくらいクマを獲っていいのかもわからないし、どれくらい保護しなければならないかもわからない——。聞いてみれば、まことにもっともな話である。

「それをあんたに聞こうと思って、夜が明けるのを待っとったんだ。あんたは動物を研究する博士じゃないか。クマは北海道に何匹いるのかい」

教師のつねとして、日ごろ難問をすり抜ける手管を多少は会得しているはずの私も、これには言葉に詰まってしまった。

「ウーム。なるほど……。しかし、そう急に言われても。これにはいろいろとむずかしい問題もあって――」

しかし、爺さんは容赦しなかった。

「そう言ったってあんた。あんたは学者でねえか！」

さすがの私も、この爺さんにはとてもかないそうもない。そこでついにこう言ってしまった。

「よし、わかった。ただし、明日まで待ってくれ。それまでになんかかんか考えとくから」

「じゃあ、頼んだよ。わしはあんたにそれを聞いてから、明日の朝、札幌へ出掛けて、道庁の自然保護課へ行くことにする」

爺さんは白い息を吐きながら、また雪をこいで帰っていった。

朝っぱらから脳天に一撃をくらった私は、そのあと、思わず頭をかかえこんでしまった。

えらいことになったものである。だいたい私は、ヒグマの研究などしたこともないし、また北海道のヒグマの個体数に関する論文など、お目にかかったこともない。あれこれと研究者の顔を思い浮かべてみても、ヒグマの個体群研究などを本格的にやっている人間もいないのである。しかし爺さんのあの様子では、わからないではとても収まりそうもない。それに私は、爺さんの真剣な気持に打たれてしまっていた。この素朴で純真な問いかけに、なにも答えられないのは耐えられない気がしたのだ。

しばらく考えた末、私は電話の受話器をとり、ダイヤルに手をかけた。そのころ、北大の学生の間に「ヒグマ研究会」という勇ましい名前のグループが出来ており、私の後輩の何人かがその中心メンバーになっているのを思い出したのである。彼らから答えが得られるとも思えなかったが、溺れる者ワラにもすがるのあの心境である。私はクマ研のリーダー格である後輩の大学院生の一人に電話をかけた。北海道にヒグマが何匹いるか教えてくれ——。

受話器の向うから、頓狂な声が聞えた。

「エッ、なんですって？」

「だから、北海道にヒグマが何匹いるかと——」

すると相手は、一瞬押し黙り、それから一気にまくしたてはじめた。

「なんですかいったい、やぶから棒に。そんなことはわかりませんよ。そもそもヒグマ研究の現状はですね、教室関係や先輩たちのバック・アップや予算的裏づけもない孤立無援の状況のなかで、ようやくゼロから始められている状態なんです」

辟易している私に向って、彼はたたみかけた。

「そんなことはまだわかりませんよ。それがどんなに大きな問題かぐらい、わかってるじゃありませんか。だいたい石城(いしがき)さんは、いつも僕らをからかってばかりいて。その手には乗りませんよ。自分で考えて、僕らに教えて下さい！」

「いや、わかった、わかった」

どうも、やぶへびである。こうなればもう、自分で何か考えてみるほかはなさそうである。しかし、それは今夜にしよう。私はひとまず、その日予定していた鳥の観察に出かけることにした。

さて、その夜——。早々に夕食をすませた私は、まずタバコを三箱用意した。無い知恵を絞るときには、やたらとタバコをふかすのが私の慣わしである。それから、今度は机の上の片づけをはじめた。難問に取り組むには身辺の整理が必要である。机の上を片づけ、おまけにいつになく雑巾までかけたうえで、私はやおら椅子に腰を下ろし、タバコに火をつけた。さてと、いったいどこから考えよう。

私はまず、生態学における動物の個体数推定法のあれこれを思い浮かべてみた。個体数の推定は、生態学におけるきわめて基本的な問題の一つである。当然、生態学の分野では、さまざまな個体数の推定法が考案されている。

たとえば、考え方として一番単純なやり方の一つは、方形区（クォドラート）法である。これは、ある動物の生息域内に一定面積の枠を設定し、その中の個体を全部かぞえあげ、その結果から、その動物の生息密度や個体数を算出する方法である。

ヒグマ

しかし、これは土の中のミミズの生息密度だの、川底の水生昆虫の密度だのを調べるときによく使われる方法であって、クマのように大型で行動圏の広い動物の場合には、数十キロ四方もの調査区をいくつも設定しなければならず、そんな広大な面積の中の、しかも深い森林の中にひそむヒグマをしらみつぶしに数え上げるなどということは、ヘリコプターなどを飛ばしてもちょっと困難である。

では、除去法はどうか。これは、一定面積内に一定数のワナをかけて、かかってくる個体数を連続的に調べ、次々にかかってくる個体数とその減少のパターンとから、その地域の個体数を推定する方法である。

たとえば、一日一回ずつワナを見廻ってとれた個体を調べるとすると、第一日目にとれた個体数N_1とこの地域の総生息数Nとの関係は、

$$N_1 = N \cdot P$$

となる。Pは捕獲率である。そこで、この捕獲率Pがもし一定であるとするならば、第t日目の捕獲数N_tは、

$$N_t = (N - \sum N_{t-1})P$$

つまり、N_tはもともとの総生息数Nから前日までにワナにかかって除かれた個体数の合計を引いた残りの個体数に捕獲率Pをかけたものになるわけである。ここで、その毎日ワナにかかる個体数N_tをタテ座標に、前日までの捕獲累計である$\sum N_{t-1}$をヨコ座標にとってグラフに点を落とせば、Pが一定であるかぎり、理論的には、点は右肩下がりの直線上に配列するはずである。

そこで、この直線の延長が横軸に交わる点を考えると、それはもうワナに一匹の個体もかからなくなる点、つまり $N_t = 0$ の点になるわけで、先の式は、

$$(N - \sum N_{t-1})P = 0$$

しかしこの場合、捕獲率Pはゼロではないのだから、したがって、

$$N - \sum N_{t-1} = 0 \quad \rightarrow \quad N = \sum N_{t-1}$$

つまり、この直線と横軸の交点が全生息個体数の推定値になるわけである。これが、イギリスの動物生態学者レスリーなどの考えた方法である。現在ではこの考えを基本として、いろいろと高度な数学モデルなども考案されている。

だが、ネズミやモグラならいざ知らず、広大な山野にクマワナを百も二百もかけ、これにかかってくるクマの数を毎日かぞえ、その減り具合をみるなどということは、実際には無理な話である。ワナをかけてクマが一〇頭も一五頭もおいそれととれるならば、命がけで鉄砲撃ちなどする人間はいないだろう。それに、第一これでは、たくさんのクマをとらなくてはいけないわけで、クマの保護に燃える爺さんに怒鳴られるのは必定である。

では、記号放逐法はどうだろう。これならば殺さずにすむから、爺さんには怒られまい。この方法は、ある地域で動物の生け捕りを行ない、とれた個体のすべてに記号をつけて放し、その後また同じ場所で生け捕りを行なって、そこでとれた個体の中に先に記号をつけて放した個体がどれだけ含まれているかを調べて、生息数の計算をするものである。

最初に記号をつけて放した個体数をR、次の生け捕りでとれた個体数をC、またそのなかに含まれていた記号個体の数をrとすれば、その地域の生息数推定値$\hat{N}$は、

$$\hat{N} = C \times R/r$$

で表わされる。これはアメリカの鳥学者リンコルンがはじめて提唱した方法である。

さらにこの記号放逐を何回もつづけて繰りかえすことによって、推定値をより正確な

ものにし、調査期間中の移入、移出数なども把握する方法が現在は工夫されている。

しかし、この場合も除去法の場合と同じで、ヒグマを何十匹も生け捕っては記号をつけて放すことを何回も繰り返さなければ計算はできないわけで、それはとてもおいそれとゆくことではない。それに、明日の朝までにはとても間に合わない。なにしろ爺さんは、明日までに答えを待っているのだから。

こんなことをとりとめもなく考えているうちにも、夜は更けてゆくばかりである。私の頭に、生態学会かなにかの席上で生態学における方法論の問題点について熱心に論じていた人の顔などがチラリと浮かんだりしたが、そんなことを思い出しても、この際、なんの足しにもなりはしない。窓の外にはいつか、シンシンと雪が降りはじめている。

そのうちに私は何気なく、北海道全体における毎年のヒグマの捕獲数が、ここ数年ほぼ五〇〇頭前後であることを思い出した。この、捕獲頭数がほぼ一定であることから考えたらどうだろうか。捕獲頭数が一定であるということが、北海道のヒグマの数が一定であることの反映であるとみなしたら何か計算できないか。つまり毎年五〇〇頭殺されても、それに自然死数を加えた分だけ殖えて、ちょうどこれを補なっていると考えるのだ。

私は日ごろ数学をあまり使わない分野で仕事をしている。しかしこの際は、爺さんの問いになんとか答えるためだ。蟷螂の斧を振るって難問にたち向ってみよう。

まずクマの総個体数をNとし、次にこれを成熟した雄、雌と未成熟の幼体の三つに分けてみたらどうだろう。成熟雄をM、成熟雌をF、幼体をIとすれば、クマの全個体数は次のようなあたり前の式になる。

$$N = M + F + I \quad (1)$$

次に北海道のヒグマの成熟雌の年間出産率をPとし、年間に生まれる子グマの総数をEとすれば、

$$E = P \cdot F \quad (2)$$

となる。

さて次に、クマは生き物のつねとして生まれる一方では死ぬわけであるから、それを考える必要がある。まず、自然死の方からいこう。北海道にいるクマ全体の中の年齢別個体数比をn_i、また年齢別の死亡率をm_iとすれば、北海道中のクマの年間自然死亡数Dは、

$$D = \sum_{i=0}^{t} N \cdot n_i \cdot m_i \quad (3)$$

となる。ただしtは寿命である。

次に同じようにして、狩猟によるクマの年間死亡数をK、年齢別捕獲率をk_iとすれば、

$$K = \sum_{i=0}^{t} N \cdot n_i \cdot k_i \quad (4)$$

ここで、年間のクマの増加数をRとすれば、それは生まれた数と死んだ数の差となる。つまり、

$$R = E - (D + K) \quad (5)$$

そこでもう一度、出発点の仮定に戻ることにしよう。つまり毎年死ぬ分だけ増えていて、総個体数が一定に保たれているという、Rイコール0であるという仮定である。

これを式にすれば、

$$E-(D+K)=0 \tag{6}$$

この式に(2)、(3)、(4)の式を代入すれば、

$$P\cdot F-(\textstyle\sum_{i=0}^{t}N\cdot n_i\cdot m_i+\sum_{i=0}^{t}N\cdot n_i\cdot k_i)=0 \tag{7}$$

これをFについて解けば、

$$F=(\textstyle\sum_{i=0}^{t}N\cdot n_i\cdot m_i+\sum_{i=0}^{t}N\cdot n_i\cdot k_i)/P \tag{8}$$

一方、成熟雌雄の比をaとすれば、

$$M=a\cdot F \tag{9}$$

また幼体の数は、

$$I=\textstyle\sum_{i=0}^{g}E(1-m_i)=\sum_{i=0}^{g}P\cdot F(1-m_i) \tag{10}$$

ただし、gは成熟するまでの年数である。

そこで最後に、(1)に(8)、(9)、(10)を代入すると、

$$N=(a+1)(\textstyle\sum_{i=0}^{t}N\cdot n_i\cdot m_i+\sum_{i=0}^{t}N\cdot n_i\cdot k_i)/P+\sum_{i=0}^{g}P\cdot F(1-m_i)$$

とても数式などといえる代物ではないが、これでともかく、計算式らしきものができた。では、計算にとりかかるとしよう。この式から個体数（N）を導くためには、ヒグマの性比（a）、年齢構成（n_i）、年齢別自然死率（m_i）、出産率（P）、年齢別捕獲率（k_i）、寿命（t）などの各値を、この式に入れこんでやればよい。

ところが、そこで私はふたたび困りはてて、またやたらとタバコをふかす羽目になった。なんと、こういったパラメーターの値が一つもないのだ。私がデータを持ってい

ないというだけならばまだしも、北海道のヒグマについてそうしたことに関する信頼し得る科学的データが皆無に等しいことまで、私はよく知っているのだ。わかっているのは年間の捕獲頭数、つまりKが約五〇〇であるということだけである。それも中身の年齢構成などまったくわからないのだ。結局私は、地道な研究活動を抜きにして捕獲数だけから北海道のヒグマの数を机の上で推定するなどということはとても無理だという、きわめてあたり前の真理に頭をぶっつけたわけである。

それに、そもそも、例年の捕獲数がほぼ一定だから生息数も一定だろうなどという最初の仮定自体が、どうも勝手すぎるようである。実際は、ヒグマの数がどんどん減っているのに、相かわらず同じくらい毎年殺しつづけている、ということの方が事実なのかもしれないし、第一、爺さんはそのことを心配したからこそ、私のところへ相談に来たのではなかったか。

時計の針を見ると、もう間もなく夜明けである。一晩の悪戦苦闘も空しく、私はついにカブトを脱いだ。窓の外では雪がなおも降りつづけている。名にしおう道北の雪である。今晩だけでも四〇センチは積った様子である。

夜が明けるのを待って、今度は私が雪をこいで爺さんの家を訪ねる番であった。朝の早い爺さんはもう起きており、しかも一張羅らしきものを着込んでいるところをみると、どうやら札幌へ出かける準備をして待っていたものらしい。

私は、一晩中考えたが、北海道にヒグマが何匹いるかついにわからなかったことを正直に話し、またヒグマを護るためには、もっともっとヒグマのことを知るための研究が必要なことを話した。

話を聞き終ると、爺さんはポツリと言った。

「だが、わしはどうしても今日札幌にゆく」

私は言葉もなく爺さんの横顔を見つめた。この年老いた猟師はいま、急いでいるのだ。その思いつめた姿に、私は私の恩師である名誉教授の犬飼哲夫先生にかならず電話をしておくことを約束し、爺さんに、まず犬飼先生を訪ね、その紹介状をもって道庁へ行くように話した。


爺さんは出かけた。そして、翌日おそくなって戻ってきた。しかし、その姿は、どこか淋しげであった。それを見て私は、彼が道庁の役人に相手にされなかったことを悟った。


だが、爺さんは強い男である。爺さんは私に言った。

「あんた、クマの研究をしてくれ。さもなければ、クマの研究をする人を探してくれ」

私の口ききで北大のヒグマ研究会の連中が爺さんを訪れたのは、それから間もなくのことである。しかしその後も毎年、この偉大な動物は撃ち殺されつづけている。私は爺さんに借りを負いつづけたままである。


北海道のヒグマは、本州のツキノワグマとは比べものにならない巨大で獰猛な野獣である。ヒグマの属する*Ursus*属は、重厚な体軀をもつクマ科の動物たちのなかでも際だった巨人族である。体重八〇〇キロにも及ぶというアラスカのコジャックヒグマなどに比べれば、北海道のヒグマはやや小型ではあるが、それでも体重は四〇〇キロを超えるものがある。

この北海道の森林の王者は、北海道の開拓がはじまって以来今日まで、人間と覇をきそいつづけ、凄惨な戦いを繰り返して今日に至っている。北海道が地球上における文明圏の一角を占めるようになった今日においても、ヒグマは依然として毎年人間や家畜を殺しつづけ、人間はまた、毎年五〇〇頭ものヒグマを撃ち殺しつづけているのである。過去百年の間に、北海道のあらゆる動物が人間の前に敗退し、またはその生活様式を変えていったなかで、ヒグマだけは、今もなお屈服せざる原野の王者なのだ。

しかし、私の胸の中には、いまも爺さんの言葉が消えることがない。

「クマは恐ろしい奴だ。あれは人や牛を一撃ちで殺してしまう。そしてわしら人間も、奴らを殺してきた。それはやむを得んことだったんだ。だが、もうこれからはちがう。わしらが鉄砲をすて、奴らが住む森を残してやれば、それでもわしらに害をするほど、奴らは馬鹿な動物ではねえ」

ほんとうに、爺さんの言うとおりである。

エゾリスとチョウセンゴヨウ

いったい、どうしてこんな所にチョウセンゴヨウが生えているのだろう。

昭和四十八年の春、この北大苫小牧演習林に着任して間もない私は、おそい新緑のようやく萌えはじめた天然林のなかを歩きまわりながら、しきりと首をひねった。

チョウセンゴヨウはマツの一種であるが、針葉が二本ずつ束になっているアカマツやクロマツと違い、葉が五本一束になっている、いわゆる五葉松の仲間である。青味を帯びた美しい常緑樹で、生長すると二〇メートルを超える高木になる。

そのチョウセンゴヨウの若木に、ゆくさきざきの天然林のなかで出合うのである。小さなものはまだ一〇センチにも満たない稚樹であるが、大きなものはすでに五メートルを超える木になっている。林内のあちこちで見られるその数は、なかなか馬鹿にならないものであった。いったい、どうしたことだろう。

私が不思議に思ったわけを説明するには、ここでちょっと、この演習林の森林について語らなければならない。

この、二七二〇ヘクタール余の北大演習林は、人工林、つまり人が植えて育ててきた林と、天然の母樹に由来する種子から芽生え、自然に育った樹木からなる天然林とに分けられる。

このうち人工林の方は、面積八〇〇ヘクタールほどであるが、植えられているもののほとんどはカラマツ、トドマツ、アカエゾマツなどをはじめとする針葉樹である。この針葉樹人工林のなかには、さまざまな外来樹種も含まれていて、実はこのチョウセンゴヨウも外来樹種のひとつなのである。

一方、千数百ヘクタールにおよぶ天然林の方は、まず広葉樹林といってよい。ミズナラ、ヤチダモ、ハルニレやカンバ類など数多くの落葉性の広葉樹からなっている。

しかしながら、北海道の多くの天然林がそうであるように、かつてはここも針葉樹と広葉樹の混交林で、相当量のエゾマツが混生していたことが知られている。だが、それらのエゾマツは明治以後の長年にわたる伐採に加えて、全道に記録的な大被害をもたらした昭和二十九年の洞爺丸台風によって、ほとんどといってよいくらい姿を消してしまったのである。広葉樹よりも根の浅いエゾマツの方が、より決定的な打撃を受けたのであった。

こうして広葉樹林化してしまった天然林内でのエゾマツの回復は、今のところまだ、どうもはかばかしくないようである。稚樹や若木が見られぬことはないものの、その数はけっして多くない。母樹になるような木が、極端に減ってしまったためなのだろうか。

ところが、この在来のエゾマツをさしおいて、外来樹種のチョウセンゴヨウがさかんに天然林内に侵入しはじめているらしいのだ。この演習林に植えられている外来針葉樹の中には、チョウセンゴヨウのほかにも、カラマツ、バンクスマツ、アカマツ、ヨーロッパトウヒなどの樹種が多少とも結実を行なっており、それらの種子からの若木の自生も見られぬことはない。しかし、それらはほとんど道路ぎわなどの裸地に限られていて、天然林の中には、まずはいっていない。土着の天然林の複雑な構造と機能が、外来植物の侵入を受けつけないのである。同じ外来種なのに、チョウセンゴヨウだけがどうして進出しつつあるのか。それが第一の疑問であった。

ほかにももっと大きな疑問があった。チョウセンゴヨウの種子は、いったいどうやって移動してきたのか。実はこの地域一帯でチョウセンゴヨウの結実が見られる場所は、演習林の真中近くにある小さな造林地と、あとは構内の樹木園に数本があるだけなのである。

ところが、演習林内のチョウセンゴヨウの若木の分布は、ずいぶん広い範囲の地域にわたっていて、結実地点から二キロ以上も離れたところにまで生えているのである。風にでも飛ばされてきたのだろうか。ところがチョウセンゴヨウの実というのが、とてもそんな代物ではないのだ。チョウセンゴヨウの毬果（マツカサ）は長さが二〇センチにも達し、針葉樹のなかで最大級に属するもののひとつである。そして、その毬果の大きな鱗片の間にはさまれた種子は、ミズナラのドングリにちかいほどの大きさをもっており、重く頑丈な殻で包まれている。空中を飛散するのに都合のよい、たとえばアカマツなどの種子についている羽根のようなものも、このチョウセンゴヨウの巨大な種子にはまったくない。どうみても、この石ころのような大きな種子が風に飛ばされることなど、とても考えられないのである。

では、こんな種子がどうして、あの小さな造林地から丘を越え、沢を越え、ときには川までわたって移動して来たのか。

どうもこれは謎めいている。考えられることはただひとつ、何者かが遠いチョウセンゴヨウの造林地から種子を運んできては、林内の各所にばらまいているということである。

ではなんのために。またいったい何ものの仕業なのか。

犯人がわかったのはその年の秋であった。チョウセンゴヨウの造林地に今年はよく実がついた、という助手の前田豊さんの話を聞いた私は、九月中旬のある日の午後、その造林地に出掛けた。

目的地について見ると、なるほど豊作である。樹高一五メートルほどのチョウセンゴヨウの梢は、どれも巨大な毬果を鈴なりにならせている。多いものでは一本の木に二〇個以上もの毬果が数えられた。いかにも、実り豊かな森の秋である。

だが、私はすぐ別のことに気をとられた。林全体がガサガサいっているのだ。静かな秋の林道を歩いてきて、ここだけがなにか騒がしい感じなのである。

見ると、それはリスであった。林のなかにいっぱいエゾリスがいたのだ。そのリスたちが音をたてて忙しく動きまわっている。身のまわりを見ただけでも、一〇匹以上のエゾリスがかぞえられた。このチョウセンゴヨウの小さな造林地にはかなりの数がいる様子である。

そのうちにふと、一匹のリスが私の近くの木に移ってきて枝の上から私を見降ろした。そこで一匹の動物と一人の人間の目が合った。そのとたん、私は思わず吹き出してしまった。

なんと、彼の顔と手足が真黒に汚れていたのだ。チョウセンゴヨウはヤニの多い木である。とくにその青い毬果は、ちょっと触れただけで手がべとつくほどである。そのヤニがリスの手足や顔にべっとりとこびりついていて、鼻先などはコールタールでも塗りつけたかのようにてかてかしている。その汚ない顔、敏捷な身のこなし、それにいきいきとした目の輝きなどが、他所の家の柿かリンゴを盗んでいる田舎のイタズラ小僧を私に連想させたのだ。その顔は、野性の輝きに満ちている。

林のあちこちでは、ときどき、ボトリとものの落ちる音も聞える。大きな毬果が落下した音だ。リスたちの仕業である。わざと落としたのか、それとも落っことしてしまったのかはわからないが、ともかく毬果が落ちると、その木の梢の方からエゾリスがあわててかけ下りてくる。地上にかけ下りたリスは、すばやく落ちた毬果を林床のオシダの間から探し出し、すぐさま毬果を覆っている青い鱗片を齧りとりはじめる。そして毬果の芯に実がいっぱいついている状態の、どこかちょっとトウモロコシに似た形に仕上げると、驚いたことにこれをくわえて林の外に出て行くのだ。自分の体重とそう変わらないはずの重い荷物を持って、天然林のなかへ姿を消して行くのである。

見たところ、この林にいるたくさんのリスたちは、どうやら入れかわり立ちかわりしているようだった。演習林の中にはずいぶんたくさんのエゾリスがいたものである。

むろん、なかには毬果から種子を取り出し、それをかかえて食べているリスもいるし、林の中には中身を食べたあとの種子の殻も少なからず見られた。しかしどうやら、食べるのはときどきのことで、リスたちが忙しく動きまわっている活動の大部分は、大きな重い毬果を枝からもぎとり、外側の不用な鱗片を齧りとって運びやすい形に整え、これを林外へ運び出す作業のようである。彼らは食べに来ているよりも、運びに来ているのだ。それにしても、なんとさかんな仕事ぶりだろう。私は目を見張った。

その日の夕方、山から帰った私は、早速この様子を前田さんに話した。すると、前田さんは言った。

「そうなんですよ。それで困るんだな。毎年、チョウセンゴヨウの種子を集めて札幌の実験苗圃に送らねばと思っているのに、実が熟すのを待っていると、熟してきたとたんに、どこからかリスがいっぱいやってきて、みんなどこかへ運んでしまうんだから。まったく、あいつらときたら、困ったものだ」

たしかに、これはまったく困ったものである。なにしろ、北海道内には、結実するようなチョウセンゴヨウの林がまだ少ないのだ。それなのに、せっかく実った種子が、札幌にある演習林の実験苗圃の育苗にさっぱり役立たないのだから。

しかし、前田さんに調子を合わせる一方で、私はちょっと胸をふくらませていた。ともかく、チョウセンゴヨウの種子の運び屋の正体がどうやらわかったのだ。そしてこれは、森林における樹木と動物の多面的で深い絆を鮮明に浮き彫りにするのに、またとない材料であると思われたのである。

まず第一に、チョウセンゴヨウの種子は、動物の力なしには移動がまったく不可能である。またその種子の生産地は、演習林内の小さな造林地にほぼ限られている。

一方、この種子の運搬に携わる動物は、どうやらエゾリスだけらしいのだ。

さらに、広葉樹林の中では秋から春までの間はほかに緑がないため、チョウセンゴヨウの緑の若木は目につきやすく、また年に一度ずつ枝を輪生させるために、外形から若木の年齢査定がしやすい。これはチョウセンゴヨウの天然林への進出の年代を調べるうえで、非常に有利である。こうした利点から、的を絞った調査がやりやすく、また、きっとまとまったデータが得やすいはずだと私は考えた。

しかし、私は当時いろいろな問題にかかわっていて、この問題に取り組む余裕がなかった。誰か大学院生にでも、この問題に取り組む者が出てこないものか。

その大学院生が、間もなく現われた。当時、この演習林に出入りしはじめていた大学院生の一人、渡部裕君である。以前からリスの研究をはじめていた渡部君がこの問題に関心をもち、このエゾリスとチョウセンゴヨウの関係を修士論文のテーマに選んだのである。

ところで渡部君は、高校時代までの秀才のイメージを自分から取り除くために学生時代の多くの時間を費やしてきた、という風評のある人物だけに、ソツのない調査方法に飛びついて手早く仕事を仕上げる、というようないき方をとらなかった。夜な夜なウィスキーなどを飲んであれこれと想いをいたし、ときたまの私との夜更けの論議には、哺乳動物の世界におけるリスとは何か、とか、森林におけるリスとはそもそもいかなる存在であるか、などという問答がしばしば飛びだしたりした。

リスとはいっても基本的には地上生活者であるシマリスと違って、エゾリスの方は典型的な樹上生活者である。エゾリスの活動は、採食、営巣、移動などの大半が樹上で行なわれている。いわば、もっとも樹木への依存度の高い動物である。

だが、エゾリスはけっして単なる樹木の寄生者ではなく、樹木のマネージャーとしての面ももっているというのが動物生態学者の見方である。

このような観点からの研究は、実はかなり早くから行なわれていて、たとえばG・T・ニコルズはすでに一九二七年に、ハイイロリスが単なる樹木種子の消費者ではなしに、森林における樹木の更新に貢献するものであることを報告している。彼らは秋のうちに林内のあちこちに食物となる樹木種子を貯蔵し、冬の間それを食べる。種子の凶作年には貯蔵量は少なく、リスたちは冬の間にこれを食べ尽くしてしまう。しかし豊作年には貯蔵量はいちじるしく多くなり、食べ尽くすことはできない。そして、この食べ残された種子が発芽し、それによって樹木の更新が行なわれる、というのである。

エゾリス

私たちは、苫小牧演習林におけるエゾリスとチョウセンゴヨウの関係も、本質的にこれと同じであろうと考えた。しかも、渡部君がいま相手にしようとしているチョウセンゴヨウは、動物の働きなしには分散し得ないという点で、もっとも典型的なものである。

それにまた、もしもその運搬にエゾリス以外の動物がまったく参加していないとなると、この研究で得られる結果はくらべるもののないほど際立った美しいものになるはずだし、そこからさらに、多くの問題を掘り起こしうるものにもなるはずであった。

森の小径を渡部君が行く。そしてその後には、同じ院生仲間でこの森でキツツキ類の研究をしている松岡茂君と、私がついて行く。渡部君は今日は、チョウセンゴヨウの林に出入りするリスに、テレメーターの発信器をつけに行くのである。そこで私と松岡君は、手伝いとひやかしをかねて、ついて行こうということになったのだ。

エゾリスの背中に小さな発信機を取り付け、そこから発信されてくるパルスを携帯用のレコーダーで受信しながら、リスたちが毬果をどのように運んで行くかを見ようというのが彼の計画である。チョウセンゴヨウの林には、すでにエゾリスの生け捕りかごが仕掛けられていて、今日あたりはきっとリスがかかっているだろう、と彼は確信あり気である。肩にかけたバッグの中には、エゾリスの体に取り付ける発信器やら、それを取り付けるための小道具やらがはいっているらしい。

私たちは葉洩れ日の下を歩いて行く。毎日のように歩いていても、緑に溢れる森の小径は、なんと素晴らしいことだろう。

やがて目的地に着くと、今年もチョウセンゴヨウの梢にはもう重そうな毬果がたくさんなっていて、それをねらってやってきたリスたちの姿が、早くもちらほらと見え隠れしている。そして、生け捕りかごには一匹のエゾリスがかかっていた。

早速私たちは、このリスのはいったかごを林道まで運んだ。エゾリスという動物は、おとなしいシマリスとは違って、なかなかどうして、荒々しい活力の持主である。激しくかごの中で暴れている。渡部君はバッグから取り出したエーテルを脱脂綿にたっぷりとしみ込ませ、それを大きな厚手のビニール袋にほうりこんだ。そして松岡君に手伝ってもらいながら、暴れるリスをかごごと、そのビニール袋に入れた。これで麻酔をしようというのである。

エーテルの効果はてきめんで、リスは間もなくぐったりとして動かなくなった。いよいよ発信機の取り付け作業である。どこから手に入れてきたのか、渡部君は手術用の先の曲がった針を取り出し、木綿糸で発信器をリスの背中にじかに縫いつけはじめた。ちょっとリスには気の毒な光景である。見ていた松岡君が言った。

「痛そうだな、残酷」

だが、渡部君は平気なものである。

「なに、これでいいんだ。ちゃんと、文献にも、こうすればよいと——」

彼はぐいぐいと仕事を進め、たちまち発信器をリスの背中に縫い付けてしまった。

だが、様子がどうも変である。しばらくたっても、リスの体はピクリともしないのだ。

エーテルの効かせ過ぎか、針をさされたショックか、リスはまったく動き出す気配がない。

さすがに呆然としてしゃがんだままでいる渡部君に、松岡君は容赦なく宣言を下した。

「一巻の終りだ」

まさしくそれは、気の毒な一巻の終りであった。

おまけに失敗というものはとかく一回では終らぬもので、その次のときには、今度は縫い付けるときに遠慮し過ぎたためか、せっかく取り付けた発信器がすぐリスからとれてしまった。勇んでリスを追っていたつもりの渡部君は、草むらに転がった発信器が、パルスの発信だけを忠実に続けているのを発見したのだった。

しかし、彼は失敗にへこたれることもなく仕事を続け、やがて発信器を取り付けた六頭のエゾリスから送られてくる信号の受信に成功して、いよいよ本格的なリスの行動追跡をはじめた。

渡部君の調査が進むにつれて、エゾリスとチョウセンゴヨウを結ぶ線は、徐々に浮き彫りにされはじめた。

まず、リスたちが枝から齧りとったままの毬果の重さは、四〇〇グラム以上もあって、エゾリスの体重（平均三五〇グラム）よりもはるかに重い。しかし彼らは、不用な鱗片を除去することによって、これを二〇〇グラム以下のものにする。そしてこれをくわえて、思い思いの方向へ出掛けて行くのである。

しかし、テレメーターと直接観察を併用して彼が調べた結果、リスたちが毬果を運んで行く方向は個体によって決まっており、その先にはそれぞれの生活圏であるホーム・レンジがあることがわかってきた。つまりリスたちは、それぞれ自分のホーム・レンジからチョウセンゴヨウの林に、いわば出稼ぎに来ているのだ。彼らの出稼ぎは、チョウセンゴヨウの種子の熟しはじめる八月の下旬頃からぼつぼつはじまり、九月下旬から十月初旬にかけて最盛期に達する。そして、その間にチョウセンゴヨウの毬果はほぼとりつくされてしまい、十月中旬にはいると、出没するリスの数は急速に減って出稼ぎは終る。

リスたちのホーム・レンジには、チョウセンゴヨウの林に近いものもあれば、かなり遠いものもあってさまざまである。いったいどうしてなのかはわからないが、演習林に住むリスたちはチョウセンゴヨウの小さな造林地の存在と、その種子の熱する時期とをちゃんと知っていて、その時期にだけここに集まってくるのである。

北海道の多くの地域では、オニグルミが天然林内に自生している。この大きくて栄養豊かな食物は、しかしそのあまりにも堅牢な殻のために、多くの森林動物にとっては高嶺の花である。ただ、器用にものを抱えて固定できる前肢と、強力で細工のきく顎や門歯をもったエゾリスとアカネズミだけが、この堅い殻を巧みに齧って中身を食べることができる。クルミはエゾリスやアカネズミにとって、重要な、しかも専用の貯蔵食物になっている。

ところが、この苫小牧演習林には、オニグルミは自生していない。そしてここではどうやら、オニグルミに代わって同じように脂肪分に富んだチョウセンゴヨウの種子が、秋から冬にかけてのリスたちの重要な食物になっているのである。しかもこの場合は、クルミ以上にエゾリスの専用らしいのだ。

種子が熟したばかりの頃のチョウセンゴヨウの大きな毬果は、大量のヤニを含んだ青い大きな鱗片でしっかりと包まれている。これを喰い破って、そのなかから種子を取り出せるのはエゾリスだけで、クルミを齧ることのできるアカネズミも、この厄介な鱗片には手が出ないのである。ソ連の研究例では、チョウセンゴヨウの種子が、リス以外のネズミ類やホシガラスなどにも利用されていることが知られているが、それもたまたま、この毬果が放置され、乾燥が進んで鱗片が開いたときや、リスによる運搬の途中に種子がこぼれ落ちた場合に限られているらしい。

しかし苫小牧演習林の場合は、チョウセンゴヨウの結実する林がごく限られているためか、その毬果は毎年、他の動物たちが利用できる状態になる前に、ほとんど残らずエゾリスに持ち去られてしまうのだ。だから、ここでのチョウセンゴヨウの種子の利用は、リスたちが貯蔵してからそれを失敬する者がいれば別として、ほぼエゾリスに限られている。チョウセンゴヨウの種子とエゾリスは、基本的には一対一の関係で結ばれているのである。

また、天然林内のチョウセンゴヨウの若木の年齢を渡部君が調べた結果をみると、若木の多くは樹齢二〇年以下である。このことは、造林地のチョウセンゴヨウの最初の結実が、昭和三十年代の初期とされていることと、ほぼ一致している。おそらく、最初の結実と同時に、エゾリスの仕事もはじめられたのだ。

渡部君の活動は、こうして明らかになってきた両者の関係が、お互いの個体群の維持や増殖にどのような意味をもっているか、またチョウセンゴヨウの種子という限られた資源を分配しあうエゾリス同士の社会関係はどのようなものか、といった問題の解明にむかっていった。

調査活動をはじめてから三度目の秋が訪れ、やがて冬が近づいて、チョウセンゴヨウの林でのエゾリスの出稼ぎが終った頃、渡部君は修士論文の作製にとりかかった。

雪に覆われた冬の林内を歩くと、エゾノウサギやキタキツネの足跡に混じって、エゾリスの足跡がよく見られる。

これを追って行くと、ところどころでリスが立ち止まり、雪を掘り分けた跡に出合う。雪と一緒に落葉も掘り上げられ、落葉にはわずかな土も混じっている。つまりリスは、積雪の下の落葉層を、土にとどくところまで掘ったのだ。

ここで、リスはなにをしたのだろう。注意してみると、そこにはたいてい、ミズナラやチョウセンゴヨウの種子の殻を見つけることができる。

エゾリスはここで、秋に貯蔵した食物を掘り出して食べたのである。彼らの主な食物貯蔵法は、巣穴などの一カ所に大量に貯めこむよりも、むしろホーム・レンジ内のあちこちの落葉の下に少しずつ隠しておくのだ。

それにしてもリスたちは、この貯蔵食物をどうして捜し出すのだろうか。無数といってもよいほど数多くの箇所に分散して埋めてあるその場所を、ひとつひとつ記憶しているのはとても無理なことに思われる。しかし、雪の上の足跡を見ると、彼らは食物の隠し場所に一直線に到達しているかに見える。食物のありかを突き止めるために周囲を捜しまわったような跡がほとんどないのである。

これはひとつには、彼らの鋭敏な嗅覚によるものと思われる。しかしもうひとつ考えられそうなのは、ホーム・レンジ内における彼らの地上の通り道が、年間を通じてほぼ決まっていて、秋の食物貯蔵もこのルート上に行なわれるのではないか、ということである。そう考えると、彼らの足跡が貯蔵場所から貯蔵場所へとまっすぐに続いているのが理解できそうである。

だが、ここではもっと別のことも考える必要があるだろう。たしかにリスたちは、うまく仕組まれた習性や高い能力によって貯蔵食物を見つけ出せるとしても、これはやはり、回収効率のあまり良くない貯蔵法なのではないか。

リスたちの掘りかえした跡を改めて掘ってみると、そこから食べ残されたチョウセンゴヨウの種子がよく出てくる。またチョウセンゴヨウの稚樹の生え方を見ると、ときには十本以上も束になって生えているのが見られる。これはおそらく、貯蔵食物がまるごと回収されなかったものと思われる。

しかし私は、貯蔵食物の回収効率の悪さのなかに、エゾリスにとっても、チョウセンゴヨウにとっても、大きな意味があるのではないかと考えている。

回収効率の悪い貯蔵作業。これは無駄働きを意味する。個体保存の面からみれば、これはもちろん損なことである。しかし回収効率の悪さのゆえに食べ残しがあり、その食べ残しがあるからこそ、チョウセンゴヨウが天然林のあちこちで発芽するのだ。しかも種子は、成育にもっともよい条件の、落葉と土の間にリスの手で分散して置かれているのである。

そして、こうして芽生えた稚樹は、やがて数十年の後には、この森のリスたちに豊かな食物をもってお返しするに違いない。

いわばリスたちは、個体保存の面での無駄骨を折ることによって、遠い未来の子孫のための森作りをしているのだ。またチョウセンゴヨウの方は、毎年せっかく実らせた種子の大半をリスに食べられてしまうという無駄をあえて犯しながらも、リスたちに栄養を提供するのと引き替えに、彼らの力を借りて確実に種族保存を行なっているのだ。生物たちは長い進化の過程で、なんと深慮遠謀の手段を身につけていることだろう。

ところで、私が天然林のなかのチョウセンゴヨウを初めて見たときに感じた疑問は、単に何者がその種子を運んでいるのかということだけではなかった。もうひとつの疑問は、この演習林で結実と更新が見られるいくつかの外来樹種のなかで、なぜチョウセンゴヨウだけが天然林の中に進出しつつあるのかということであった。リスに運ばれなくても、風などで、種子が天然林内にもちこまれているはずの外来樹種はほかにもあるのである。

これはおそらく、さまざまな調査を積み重ねなければ答えの出てこない問題であり、今のところは常識的な考察をするしかなさそうである。

まず、考えられるのは、チョウセンゴヨウが陰樹だということであろう。この演習林で結実、発芽できる外来樹種のうち、カラマツやバンクスマツは陽樹で、稚樹の時代から大量の日光を浴びなければ育たない。ところがチョウセンゴヨウは、広葉樹の下のかなりの日陰でも育ってゆける耐陰性を持っている。

だが、陰樹だからということになれば、ヨーロッパトウヒも代表的な陰樹である。しかしこの木はここではチョウセンゴヨウ以上に古い造林の歴史をもっていながら、造林地周辺の天然林にはほとんど侵入していないのだ。

そうなると、チョウセンゴヨウはよほどこの地域の自然、風土に合った木なのではないか、と考えたくなってくるのである。

もともとチョウセンゴヨウは、針葉樹のなかでも寒さに強い方に属する樹種である。

その分布は、アジア大陸の朝鮮半島から中国東北部、沿海州にかけての地域で、日本国内でも本州中部の山岳地帯などの標高の高い地域に一部自生している。

遠い異国から移入された木ではなく、むしろ、北海道に自然分布していてもおかしくないような近隣地域の木なのだ。ただ、実際には北海道には自生していなかったのである。

その理由は、むろんはっきりしたことはわかっていない。しかし人工植栽されたものが各地でよく育っていることを思うと、チョウセンゴヨウが北海道になかったのは環境が適さなかったというよりも、むしろ地史的な理由からではなかったかと考えられる。事実、大陸においては、北海道にあるのと同じような広葉樹たちと一緒に混交林を作っているのである。

もしかすると、チョウセンゴヨウは人間の手によってはじめて北海道に運ばれてきたとき、故郷によく似た環境と顔見知りの樹木たちを見たのではなかったか。そうだとすると、チョウセンゴヨウは北海道の他の外来樹種とは一緒に考えるわけにはゆかなくなるのである。

しかもこの故郷とよく似た自然のなかで、故郷の大陸での長年にわたる親密な相棒だったリスにもめぐり会えたとなると――。そこで、あたかも水を得た魚のように、エゾリスを得たチョウセンゴヨウが勝手知ったる森林のなかへの進出をはじめたのではなかろうか。

チョウセンゴヨウやクルミとリスの結びつきは、どうみても、昨日や今日の出合いがしらの利害関係で成り立ったものではない。彼らはお互いの進化の途中の古いある時期にめぐり会い、深く結ばれたのに違いない。

そして、いわば変わらざる信頼関係のなかで、チョウセンゴヨウやクルミは養分豊かな重い種子と、これを齧歯類だけに利用してもらうための厚くてヤニの多い鱗片や堅い殻を発達させたのだ。またリスたちの方はそれに応えて、強力な門歯と、これらの種子を運搬しては発芽に都合のよい落葉層のなかに分散して溜めこむ貯蔵習性とを完成させてきたのだ。

人の手によって異郷の北海道にやってきたチョウセンゴヨウは、ここで古き友人にめぐり会い、ふたたび親密な交際をはじめたのである。

ともあれ、苫小牧演習林の広葉樹林は、このままゆくと、徐々にチョウセンゴヨウとの混交林に変わってゆきそうな形勢である。もし私たち人間が、このチョウセンゴヨウの天然林への進出を阻止しようとしても、エゾリスとチョウセンゴヨウのこの固いスクラムに対抗するのは容易なことではない。

もしかすると数十年の後には、エゾリスたちが孜々（しし）として植えたチョウセンゴヨウが、天然林内に亭々として立ち並ぶことになるのかもしれない。するとそのとき、この森のエゾリス一族の繁栄ぶりもまた、果たしていかばかりだろうか。

鳥のなかのサル

北海道の秋の山野を歩いていると、よくカケスに出合う。その名前を知らなくとも山歩きの好きな人であれば、ハトほどの大きさでやや尾の長い、茶と黒とルリ色の鮮やかな鳥といえば、きっと思いあたるに違いない。その声はギャーッ、ギャーッとも、ジャー、ジャーッとも聞えて、あたりによく響く。澄みわたる秋の空をゆっくりと羽ばたきながら、林から林へと、小群で鳴きかわしつつ移動していくこの鳥の姿は、深まってゆく秋をしみじみと感じさせるものである。

北海道のカケスは正式にはミヤマカケスと呼ばれ、本州以南のカケスとは頭頂部の地色が白でなく茶色である点で区別されているが、習性の差はとくに認められていない。

カケス類はカラス科の鳥である。どんな動物でも、それに関心を向けることによって、思いもかけぬほど豊かで興味深い生物の世界に接することができるものであるが、このカラス科の鳥たちは、とりわけ多彩な、興味深い習性を持つグループのひとつである。

カラス科の鳥には、私たちに強い印象を与える共通の性質がある。彼らは図々しさ、柄の悪さ、狡猾さなどの一連の言葉で表わされるイメージを共有しているのである。

たとえば、トリ小屋から卵を盗んだり、馬の尻にとまっては「生き馬の尾」を抜いて巣の材料にするカラスの話。軒下のトウキビを盗んだ揚げ句、用もないのに庭先の木の上からイヌやネコをからかって騒ぎたてるカケスの話などは、山村ではどこへ行ってもよく聞く話である。

しかしそれは、裏をかえせば彼らの旺盛な好奇心、高い学習能力、柔軟でたくましい適応力の現われでもあるといえる。

またカラス科の鳥に際立ったもうひとつの特徴は、その高度な社会生活である。彼らは互いに個体を識別しあった、固定したメンバーによる社会生活を営んでいる場合が多い。烏合の衆、という言葉があるが、彼らのむれの見た目のとりとめのなさや、まとまりのなさは、実はむれを構成する各個体の豊かな個性や独自性の現われなのであって、それらを許容し、超越したところで彼らは互いに深く結び合っているのである。これは個性や独自性の乏しい集団、たとえばメダカなどのいかにも整然としたむれよりも、はるかに高度で豊かな内容をもった社会といってよい。

こうした優れた学習能力や高度の社会性、それにふてぶてしいまでの好奇心など、カラス科の鳥たちはまさに哺乳類におけるサルと好一対である。ミヤマカケスを見ても、彼らは実に北海道の森に住む鳥仲間のサルと言いたくなるような資質を備えている。

とんでもない山奥で、木の上からネコの鳴き声がしたので驚いて見たら、カケスが一羽木の枝にとまっていた、などという話をよく聞く。

カケスは北海道の野鳥のなかで、おそらく最高のもの真似屋である。鳴き真似の範囲は、カラス、モズ、ヒヨドリなどの野鳥から、ネコ、イヌ、はては人の口笛にまで及んでいる。飼い馴らして教えこんだら、たぶん簡単な人語くらいは覚えるだろうと思われる。

鳥の鳴き声は、いうまでもなく種ごとに固有のものであり、それは基本的には遺伝的に定まっていると考えられる。しかし鳥の鳴き声に、後天的な要素がまったくないわけではない。

たとえば、いま私がいる演習林のクロツグミは、その多彩な囀りの末尾に、近くに住むキビタキなどの歌を加えることがあるし、クマゲラと同じ森に住むキビタキは、しばしばクマゲラの飛翔中の声などをその歌のなかに折りこんで囀っている。こうした鳴き真似は、間違いなく後天的に学習されたものであるとみてよい。

だが、北海道の鳥のなかでもっとも巧みなもの真似で知られているのは、カケスとモズ類であろう。これらの鳥たちの場合には、自分の持ち歌のなかに他の鳥の節を借用するのではなく、最初から鳴き真似をするのである。

では、このような鳴き真似が、彼らの野外での生活でどんな役割を果たしているかとなると、どうも定説はまだない。モズ類については、鳴き真似によって小鳥をおびき寄せてこれを捕えるのだという考えもあるが、少なくともこれについての十分な観察はまだないようである。

カケスについてみても、空腹に目をギラつかせて獲物をねらいながら鳴き真似しているようにはどうも見えない。むしろ十分に満腹し、手ごろな木の枝の上で羽づくろいなどをしたのち、やおら鳴き真似をはじめることが多いように思われる。素直に人間的な感覚で受け止めるかぎり、これは遊びのように見えるのである。

野生動物の世界に遊びはあるか、というのは重要な問題かもしれない。われわれは野生動物の行動について考えるとき、なによりも、その行動が彼らの生活のなかでどんな役割と意味をもつかを知ろうとする。これは生態学の基本である。しかし、野生動物のあらゆる行動をあまり性急に適応と結びつけ、短絡的に納得しようとすると、生きものの生活の大切な側面を見落とす危険があると私は思う。

カケス

遊びとは、直接暮しの役には立たぬ行為であり、また特定の目的と結びついて定式化されていない行動である。そしてまた、それはもっともいきいきとした、解き放たれた行動であるといってよい。われわれ自身についてみても、精神と肉体を労働や義務から解放させた遊びの瞬間に、生命の躍動を実感することが多い。野生動物のきびしい生活の中に遊びの余裕は少ないかもしれない。しかし私には、彼らがたしかに遊んでいるとしか思えないことがよくあるのだ。そして、ヒトと動物の垣根を越えた、生きものとしての共感をもっとも強く感ずるのはそのようなときである。

カケスを観察していると、鳴き真似にかぎらず、彼らは実によく遊ぶ鳥であるように思われる。たとえば、一羽が小さな枯枝をくわえて木の叉にはさむ。すると他の個体がそれを取り出して他の木へ飛び移る。それを前の個体が追う——。そんなことを、森の中で飽くことなく繰り返していることがある。そんな彼らを見るとき、私は生きてあることの喜びの姿を実感しないではいられない。

私にはむしろ、こうした一見なんの役にも立たない、しかしそれゆえにいきいきとして自由な動きのなかに、動物たちが新しい可能性の扉を開いて発展してゆく原動力がひそんでいるようにも思われるのである。

そして、彼らのこのような多彩な遊びは、カラス科特有の旺盛な好奇心と高度な学習能力によってはじめて可能なものと思われる。鳥のなかのサルと見えるゆえんである。

エゾリス、シマリス、アカネズミなど、北海道の森に住む哺乳動物のいくつかが、秋に食物を運んで冬に備えることを知る人はいても、いろいろな鳥たちがやはり秋に食物を蓄えることを知っている人は、案外と少ないようである。

九月になって森の中に木の実が稔りはじめると、演習林のカケスたちのさかんな貯蔵活動がはじまる。小さな鳥たちと違ってカケスが熱心に集めるのは大型の種子、とくにミズナラのドングリである。

カケスたちは、この恵み豊かな山の幸を喉に一杯になるまで含んでは、思い思いの場所に飛んで行き、これを樹幹や樹皮の裂け目、林床の落葉の下などに押しこんで蓄える。シジュウカラ類のように微細な昆虫を食べることも、キツツキのように堅い樹幹から虫を掘り出すこともできないうえに、体もかなり大きいカケスのような鳥が、雪に閉ざされた冬の森の中でいったいなにを食べて体を維持しているのか、演習林にきた当初、私は不思議に思ったものである。

しかし、秋の間にせっせと続けられるドングリの貯蔵活動を見ていると、その冬期間の利用状況を調べることによって謎が解けそうである。

他の小鳥たちの貯蔵と同じように、カケスたちのドングリの貯蔵もまた林内のいたる所にてんでんばらばらに行なわれる。しかも彼らは秋から冬の間、個体ごとのなわばりやホーム・レンジをもたず、数羽の少群で暮している。だから、むれの活動領域内に蓄えられたドングリは、彼らの共有財産として利用されるのに違いない。強情で抜け目のなさそうな外貌とは裏腹に、彼らの冬の生活は、どうやら、たいへん共産主義的であるらしい。

こうしたカケスたちによるドングリの貯蔵は、この森のエゾリスとチョウセンゴヨウの場合と同じように、やはりミズナラの再生産に大きくかかわっている。

カケスによって林内のあちこちに運ばれたドングリの一部は、やがて芽をふき、ミズナラの若木となって育ってゆくのである。ちょうどチョウセンゴヨウの実がそうであるように、やはり風に乗って飛散することのできない重いドングリは、カケスの力を借りて森の中に散らばるのだ。

ただ、ミズナラのドングリの場合は、その利用者はかならずしもカケスばかりではない。

エゾリスやアカネズミも、これを蓄えて冬の食糧にしている。だが、ナラ類が古くからもっとも親密に結びついてきたのは、どうやらカケスである。

ヨーロッパでは、百年生の松林にカケスが飛来するようになったところ、数十年の後にはそこがナラの林に変わっていった実例の記録があるし、それに世界的にみても、カケス類の分布とナラ類の分布は一致しているのである。

そのためか、ナラ類のドングリは、クルミやチョウセンゴヨウの実ほど厳重に包装されておらず、カケスの嘴でちょうどうまくこわせる程度の殻で包まれている。

生態学の入門書にはみな、森林や湖沼などの生物群集というものは、一次生産者（植物）、二次生産者（草食動物）、三次生産者（肉食動物）と分解者（微生物）からなっていることが説かれている。まさにそのとおりである。森のすべての生物たちはこの構造の中で直接間接に結びあい、全体として森林というひとつの共同体をつくっている。しかし、このことを単に机の上の勉強だけで抽象的に納得してしまうと、豊かな生物の世界を見落すことになりかねない。

森の生物社会には無数の〝個人的なおつき合い〟の糸が錯綜しているのである。しかもその絆は、けっして食う、食われるだけの単純な関係ではなく、長い歴史のなかで培われた多面的な内容を含んでいるのである。

ところで、カケスを含むカラス科の鳥の重要な特徴は、さきにも述べたように、彼らの強固な社会関係、むれの構成メンバーの緊密な結びつきである。彼らにはいずれも集団性があり、しかも多くの場合、むれは明確な個体識別に基づいた、固有のメンバーで構成されている。

このような動物のむれは、〝顔見知り集団〟と呼ばれ、個体間の結びつきが強く、その関係が一般に複雑である。ではこういう社会性の強い鳥が、もしも野生の仲間から隔離され、人間に育てられたらどうなるか。

たまたま昭和四十九年の七月のはじめに、当時大学院生だった松岡茂君が、地上に落ちていた巣立ち前の一羽のカケスのヒナを持ってきた。私は早速、このヒナを養うことにした。足に赤い足環をつけた、ギョロ目で無格好なカケスのヒナは、順調に育ってゆき、やがて構内を自由に飛び回りはじめた。

この鳥の私にたいするなつきぶりは、驚くほどのものであった。

自分で容器から餌を食べられるようになったのちも、彼（本当の雌雄はわからないが、その面魂からみて私は彼とみなしていた）は構内の木の上で、私が庁舎から出てくるのを絶えず待ちかまえており、私の姿を見るやいなや一直線に私の肩を目がけて飛んで来るのである。その結果、ひと夏の間、どこを歩くにも私の周りには一羽の奇妙な鳥がまといついていることになった。

一羽の鳥と一人の人間の関係は、まことに親密であった。彼はつねに私と一緒にいることを望んでおり、私の身辺から離れようとしないのである。彼がもっとも安心して休める場所は、実は私の肩なのであった。

やがて八月の半ばを過ぎて、森の中から野生のカケスたちが構内にやって来るようになりはじめたとき、私は彼と山のカケスたちとの触れ合いを興味深く見守ることにした。どのようにして彼は、私の手もとから野生の仲間の社会に帰ってゆくのだろう。ところが驚いたことに、彼は野生の同族にまったくなんの関心も反応も示さなかったのである。

それは空気を見るような無関心さだった。彼がひたすらに求めるのは人間、とくに私との接触であり、それはその後構内にやって来る山のカケスの数が増えて少しも変わらなかった。

鳥にとって巣立ちの時期は真の社会生活のはじまる重要な時期である。そしてこのときに社会関係を結ぶ対象が、心理的に「刷り込まれる」とされている。それがどうやら彼の場合には、その時期に世話をした私が刷り込まれてしまったのである。刷り込み現象がかなり不可逆的なものであるとされていることを考えると、彼のカケス社会への編入はかなり困難かもしれないと思われた。となると、繁殖期を迎えたときの異性を求める衝動などは、いったいどんな形で誰に向って現われるのだろうか。ある人はニヤニヤしながら私に言った。

「この鳥、きっとあなたにホレますよ」

しかし残念なことに、観察は途中で打ち切られることになった。九月中旬のある夕方を境に、彼がプッツリと姿を消してしまったのである。おそらくその頃、朝夕ひんぴんと構内に姿を現わしていたハイタカかチョウゲンボウに襲われたに違いないと私は思った。

人間の手で養われた動物が野生に復帰する際の、刷り込みの問題と並ぶ大きな障害に、警戒心の欠如がある。動物の天敵にたいする警戒反応には、むろん本能的なものがある。だが、それは高等な動物の場合にはけっして完全なものでなく、後天的な親からの教育や、自分自身の経験を通しての学習によって、はじめて完成されるものなのである。だから、人間によって守られて育った動物は、どうしてもこの大切な能力に欠落が生ずるのだ。

私は、彼が野生の社会に復帰した可能性はまずないとみた。たった一夜を境にして、人間の手からカケス社会への、あれほど困難だった移行が、突然に行なわれるはずがないからである。

それにしても、彼がいなくなったあとの私の胸に残ったのは、大切な観察材料を失った残念さ以上のものだった。私と彼の間には、いつか研究者と観察材料の垣根を越えた、目に見えない深い絆ができていたのだ。

毎年、秋が深まってくるころになると、演習林の構内には、朝に夕にカケスたちのむれが訪れ、さかんに鳴きかわす彼らの声が秋の空気を震わして響きわたる。すると、私は今でもじっとしていられない。そっと部屋を抜け出すと、カケスたちの声を追って樹木園の中にはいって行く。深くあきらめていながらも、もしやそのむれのなかに、赤い足環をつけた私のカケスが混じっていはしないかと、思わずにはいられないのである。

モズと先生

昭和三十四年の三月下旬。私は北大の三年目の学生になろうとしていた。札幌の早春は、残雪の下から荒寥とした地肌を現わした山野に、馬糞風と呼ばれるつよい風の吹きすさぶ季節である。風は絶えまなく空に鳴り、その重いどよめきは、どこか陣痛の叫びにも似て、北国の人々の心に春への期待とともにいわれのない不安と焦燥をかきたてて止まない。

その風に吹かれながら、農学部裏の農場の片隅にあった小さな林の中で、私は生まれてはじめての測量機械ととりくんでいた。それは工学部の土木教室に押しかけて借りてきた平面測量機で、ごく簡単なものだった。しかし、馴れぬ手付きの仕事はなかなか捗らず、私は何回となくやり直しを繰り返さなければならなかった。

この林は、いまはもうなくなってしまったが、当時は広い農場の端にポツンととり残されていた二ヘクタールあまりの疎林であった。私は、この林のすべての樹木や藪の位置を測定しようとしていたのだった。しかし、この程度の疎林であっても、いざ測量するとなると、林の木の数というものは意外と多いものである。樹種はヤチハンノキ、ドロノキ、ヤチダモ、ニレなどで、かつてこのあたりが原始林であった頃の名残りの樹木であった。

しかし木と木の間はかなりすけていて、そこにたくさんのエゾニワトコやノイバラの茂みがあった。毎年、初夏の頃になると、このエゾニワトコに赤い実が熟れ、白いノイバラの花の香が林内に満ちたものである。

私はひとつひとつの樹木や藪に厚紙の番号札をつけ、林地内に設けたいくつかの測点からそれらの位置を測っていった。手袋をはめない手はつめたくこごえていた。

こうして何日間かの悪戦苦闘の末、どうにか一枚の平面図ができ上がった。私は大いに満足し、図面の右下に、測量者石城謙吉、と書いた。

その夜、これも農場のはずれにあった学生寮の一室で、私は出来あがったばかりの図面を飽くことなく眺め、自分がこれからしようとしていることについて考えつづけていた。

私は、自分で測量をしたこの小さな林で、卒業論文の仕事をしようと思っていたのだった。アルバイトと山歩きと寮生活に埋没して、お世辞にも勤勉とは言えなかった学生生活の残された後半の二年間を、私は卒論研究を中心にして、なんとか動物生態学の勉強に集中しようと決心していた。しかし、はたして卒論研究にふさわしいような仕事が出来るだろうか。問題は、そのことであった。なにしろ私は、教室の教授がすすめてくれたテーマを断り、鳥のなわばり行動の観察をやるなどと勝手に宣言はしたものの、肝腎のなわばり行動の観察の目的についてはっきりした自信などなかったのである。

私は実は、モズを対象としたなわばりの観察を目論んでいた。だが、鳥のなわばりをやるときめこんだそもそもの動機は、野原で鳥を眺めているのが大好きで、実験室にこもっているのが嫌いであるという、まことに単純なところにあった。またモズを選んだのは、この小鳥らしからぬ獰猛な鳥が、互いに厳しいなわばり関係を結んで生活することを知っていたからである。

しかし、その程度のことで観察めいたことをやってみても、中学生の夏休みの理科研究と五十歩百歩のことになりかねない。それが悩みのタネであった。大学入学以来はじめて真剣な勉強の必要にせまられた私は、この数か月来、あれこれと文献などをあさりながら、なんとか自分の方針をまとめようと焦りつづけてきたのである。

もともと私は、野外での動物たちの生活ぶり、特に社会関係に興味があった。神経系統の高度に発達した動物には、個体やつがいの間で順位関係やなわばり関係を結び、これらを基盤とした秩序機構、すなわち順位制やなわばり制をもっているものが少なくない。そして、この動物社会の秩序機構としての順位制やなわばり制が高度に発達し、またそれについての研究がもっとも古くから行なわれてきているのが鳥類である。

奇しくも同じ一九二〇年代の初頭に、ノルウェーの動物学者T・シェルドラップ＝エッベのニワトリの集団におけるつつきの順位に関する研究と、イギリスの鳥学者H・ハワードの鳥のなわばりに関する研究があいついで発表された。

これは単に、鳥類における順位行動やなわばり行動を記載しただけのものではなく、それらが基礎となって種社会の秩序機構が形成されていることを明らかにした点で画期的なものであった。

この二つの業績は、その後の動物社会の研究の発展に大きな影響を与え、それにつづく多くの研究を生むものとなった。その結果今日では、鳥だけでなく多くの動物の種社会に、なわばり関係や順位関係を基盤とした機構のあることが知られるようになった。多くの種類の動物たちがなわばり制や順位制といった秩序機構をもち、それによって種内での生活資源の分配や利用の効率を高め、その上に個体保存や種族保存を成り立たせているのである。

なわばり制と順位制という、この動物社会の秩序の二つの柱ともいうべき機構は、なわばり制が空間的な資源の分配機能をもつのに対して、順位制は基本的に時間的分配機能をもつものといっていい。

ところで動物の種社会の空間的構造ということになると、なわばり（テリトリー）の他に、行動圏（ホーム・レンジ）というものがある。

これは特定の地域内で生活する個体やつがいなどが行動する範囲全体をさしている。動物の中には、特定の地域に居住することなく放浪して生活しているものもあるが、一方、多くの動物たちは、特定の地域の一定のひろがりの中で行動して生活しているのである。

これに対してなわばりというのは、個体やつがいなどが一定の地域をその専有域として確保し、この中に同種の他の個体やつがいを寄せつけない「防衛された地域」をさすものである。しかし、ひとくちになわばりと言っても、いろいろなタイプがあって、一様ではない。

そのひとつは生活空間全域を防衛するものである。これはなわばりの中でも、もっとも典型的なものとみなされ、この場合には行動圏＝なわばりである。ところが鳥のなかには、たとえばカササギなどのように、採食のかなりの部分は共通の餌場で行ない、防衛範囲が巣の周辺の一定地域に限られているものもあり、さらにムクドリなどのように、防衛するのは巣穴のごく周辺だけといったものもいるのである。

そこで私の疑問は、種類によってさまざまな現われ方をする、鳥のこうしたなわばり行動が、空間そのものの確保と防衛から出発したものか、あるいは巣や配偶者といった、特定のものの防衛や確保からきたものなのかということであった。しかし、食物、営巣場所、あるいは配偶雌やヒナなどといった、個体保存や種族保存に必要な対象物を確保したり保護したりするために、鳥がなわばり行動を発達させたというのは、私にはあまりにも目的論的に過ぎるように思われた。私は次のようなところから考えてみた。

そもそも、動物の同種個体間の関係の根本にあるものは引きあいと反撥である。引きあいの方が強いとき動物はむれをつくり、反撥の方が強いとき分散する。そして、このむれ社会での調整と秩序の機構として発達したのが順位制であり、分散社会での機構として発達したのがなわばり制であると考えられる。

このような考えからすれば、鳥のなわばりに見られるいろいろなタイプの違いは、種類による排他性と集合性の現われ方の違いによるものではないか。これには彼らをとりまく環境条件と、進化の歴史的背景とが関係していると思われる。

しかしいずれにせよ、こうして種類ごとの排他性の現われ方に適合した形で、いろいろなタイプのなわばりが形成されるにいたったのではなかろうか。そうとなれば、なわばりは排他空間を継続的に確保するところから出発したものである。

このようなことを考えた私は、なわばりの起源と本質を解く鍵を、季節ごとのなわばりの形成と崩壊の過程のなかに探ってみようと考えたのであった。そしてそこで、身近かに見られる鳥のなかから、同種個体間の排他性が強く、なわばり行動の顕著なモズを選び、その観察場所として、毎年何つがいかのモズが繁殖するのを知っていた、農場の片隅の林を選んだのである。

だがそうは言っても、動物生態学の勉強めいたものを、ようやく始めたばかりの学生のことであった。しかも、生態学の講義などもまったくなかった当時、それは手探りの独学にちかかった。私の胸は不安でいっぱいだったのだ。

窓の外では相変わらず空をゆるがすような風が鳴り続け、寝つかれないままにその音を聞きながら、私はもうすぐ大学の構内にモズが渡ってくることを思った。

やがて四月早々のある日、待ちかねていたモズが二羽、南から渡ってきて林地に姿を現わした。

さっそく私は、双眼鏡とガリ版刷りにした図面を一枚持って観察に出かけた。毎日一枚ずつ、このガリ版刷りの図面に個体ごとの行動跡を記録し、こうして得られた結果を一枚の図に重ねて記入してゆくことによって、まず彼らの行動域のひろがりを把握しようという考えであった。いよいよ、観察のはじまりである。

二羽は雌雄であった。普通、鳥たちはまず、雄が繁殖地に渡来して互いになわばりを確立し、その後に雌がやって来て、そこでつがいの形成が行なわれるとされており、なわばりの果たす機能の一つに、このつがい形成があげられている。

だが、このモズの場合には、渡来した時点で、すでにつがいになっていたようであった。雄と雌の結びつきは、少なくともこの場合は、なわばりを媒体とすることなく、それ以前の段階で行なわれていたのである。二羽はモズ独特の流れるような波状飛行をしながら、探るように林内をつれだって移動していた。

観察をはじめて一週間ほどしたところで、私はそれまでに得られた観察結果を、一枚の図に重ね合わせてみた。その結果、彼らの行動跡は、林地の西側にやや偏っているように見えるものの、ほぼ全域にわたっていることがわかった。この林地はまず一つがいのモズの行動圏によって全域がカバーされたのである。やがて彼らは、林地の西側のノイバラの茂みの一つに巣造りをはじめた。

ところが四月の中旬にはいったある日、ここにさらに二羽のモズがやって来た。これもつがいであった。

雄の体色がやや淡いこの新しいつがいと、先に渡来していたつがいとの間には、その日からさっそく、激しい闘争が開始された。彼らの闘争は林内の全域のあちこちで行なわれ、その結果、数日間にわたって四羽のモズと一人の人間が林の中をせわしく動きまわることになった。

しかし、この激しい争いは、わずか数日でぱったりと静まってしまった。林地は静かになり、つがいの間のトラブルは、ほんの時たましか観察されなくなった。

そこで私は、騒動がおさまって以後の何日間かの行動追跡の結果を、また一枚の図面に重ね合わせてみた。すると今度は、林地は二つの行動領域に分割されていることがわかった。さきに来て林地の西側に巣造りをはじめていたつがいは、巣を放棄して東側に移り、新しく来たつがいが西側にはいり込んでいたのである。そして、この二つのつがいの行動領域の間にはほとんど重複部分がなかった。

ここで私の注意をひいたことの一つは、この空間占居をめぐる闘争が、最初から、つがいとつがいの対立の形で行なわれたことであった。しかもそれは、最初に渡来していたつがいが、せっかく始めていた巣造りを放棄して他に移るほどに激しいものだったのである。この場合、なわばり行動はつがいの形成やその確保のために行なわれるというよりも、もっと深い行動の原理に根ざすもののように私には思われた。

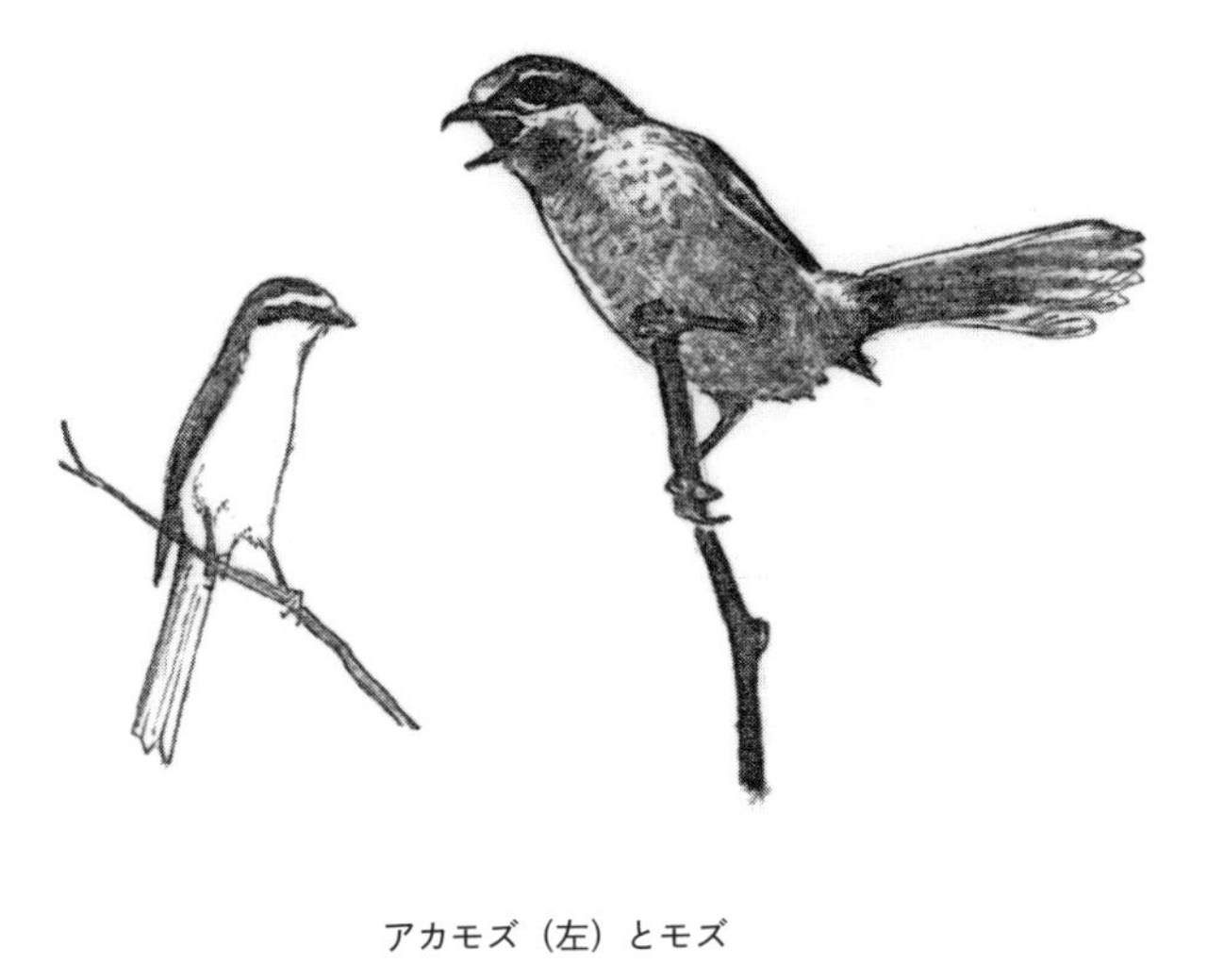

アカモズ（左）とモズ

さて次の問題は、こうして林地を二分した二つの行動領域が、単に重なり合わない二つの行動圏なのか、それとも防衛関係によって分割されたなわばりなのかということであった。そこで私は、剝製の囮を使ってみることにした。モズの剝製を竿の先に取りつけ、これを二つの行動領域の隣接する地点のあちこちに立てて、二つのつがいのそれぞれからの反応を見ようと考えたのである。

これは、実は私の独創ではない。ちょうどその頃読んだ、有名なイギリスの鳥学者ラックの著書『コマドリの生活』のなかに、鳥のなわばり所有者が剝製の囮によく反応することが書いてあったのを、さっそく取り入れようとしたものであった。いろいろなことが、万事、このように泥縄式なのであった。

私は大学の近くの剝製屋に行って、モズの剝製を注文した。当時は、まだ現在とは違ってこんな注文にも剝製屋がすぐ応じてくれたものである。

ところが、その剝製がまだ手に入らないうちに、林地には大騒動が起こったのである。

五月下旬のある日のこと、この林に突然アカモズたちがやってきたのだ。

アカモズは、これもやはりモズ属の鳥であるが、渋い栗色とグレイの装いのモズと違って、こちらは背面の燃えるような赤褐色と、前額と腹面の白が鮮やかなコントラストをなしている。大きさや形はモズと似ているが、モズよりも体つきが少しやせ型である。それに本州以南の国内で越冬するモズと違って、この鳥は東南アジアからの渡り鳥である。

迂闊にも、その時になってはじめて、大学の構内ではモズのほかにアカモズも毎年繁殖していたことを私は思い出した。

しかし私の驚きは、アカモズがこの林地にやってきたことよりも、この新来のアカモズが、先にきてすでに居ついていたモズと激しい争いをはじめていたことであった。

林地の中ではアカモズとモズ、アカモズとアカモズ、それにまたモズとモズとが、入り乱れて闘争と追いあいを演じていたのだ。それまできれいに二分されていた、二つがいのモズの行動領域は、もはや滅茶苦茶に乱れていた。まさに大混乱であった。

いったい、どうしたことだろう。それというのも私は、順位やなわばりといった動物の社会関係は、同種の個体やつがい間でのみ結ばれるものと思いこんでいたのである。事実、生態学の本にはそう書いてあるし、これまでに読んだなわばりの論文もみな、同種個体の関係を対象にしたものであった。カラスはカラス同士、トビはトビ同士でなわばりを張りあっていて、カラスとトビがなわばりを張りあうことはない。そしてここに、社会機構としてのなわばり制の意義があるはずであった。

ところがいま、私の目の前では異種であるアカモズとモズが、どう見ても、同種、異種の見境いなしに、入り混じってなわばり争いをやっているのだ。私の頭の中も大混乱であった。

だが、最初のモズのつがいしかいなかったところへ二番目のモズのつがいが割込んできたときと同様、この争いも一週間もするうちに静まってしまった。

そこで私はまた行動跡の記録をはじめた。しばらくそれを続けた結果わかったことは、この林地が二つがいのモズと、三つがいのアカモズの行動領域によって、五つに分割されたことであった。しかも、これら五つの行動領域の間には、やはりほとんど重複したところが見られなかった。それは、一種見事な分割であった。

ここでいよいよ、私は剝製屋から入手していたモズの剝製を持ち出した。私はこれを三メートルほどの竹竿の先に固定し、これを行動領域の境界地点に次々と立てては、近隣のモズやアカモズのつがいからの攻撃反応を観察してみようと思ったのである。

剝製を使った反応テストは成功だった。竹竿をノイバラの茂みに立てて、私がそこを離れると間もなく反応があったのである。近くの茂みから鋭い鳴き声を上げて舞い上がったモズが、いきなり剝製の囮に飛びかかったのだ。剝製の背中から羽毛が飛び散るような激しさであった。私はあわてて飛び出し、今度はそれを隣の茂みに立てた。

再び攻撃が加えられたが、今度襲ってきたのはアカモズであった。こうして私はつぎつぎと、林地内のさまざまな場所に剝製の囮を置き、それに対する付近のつがいからの攻撃反応を記録した。

その結果わかったことは、林地内にモザイク状に配置している五つの行動領域が、いずれもきわめて厳密に防衛されているなわばりであることであった。ある所では、わずか五メートルほどしか離れていない二つの茂みがそれぞれ別のなわばりに属していて、この二カ所に何回剝製を置いてみても、攻撃してくるのは隣接して生息する二つがいの片方ずつからであった。たくさんのテスト地点のなかで、同じ地点で二つがいが反応してきたのは、わずか二カ所だけだった。

また、このテストで明らかになったもう一つのことは、モズの剝製に対する反応には、モズとアカモズでまったく差が認められないことであった。異種であるモズの剝製に対してアカモズが、モズとまったく同じ激しさで攻撃してくるのである。

私は困ってしまった。動物は種類ごとに独自の生息場所と生活様式をもち、そして、それぞれ同種内で社会関係を結んでいる、という考えが頭を離れなかったのである。モズの剝製に対するモズとアカモズの反応に、差がないはずはない。なんとか差を見つけだそうとして、私は何回も繰り返して、剥製をモズとアカモズの両方のなわばりに立ててみた。しかしその結果、ますますはっきりしてきたのは、まったく差がないという厳然たる事実であった。

まぎれもなくこの林地では、モズとアカモズが一緒になってなわばりの分割を行ない、しかもこのなわばり関係には、見事なほどに同種異種の差別がないのである。

五月の下旬になると、彼らはこの確立されたなわばり社会の中で一斉に巣造りをはじめた。その後はもう混乱の起こることもなく、鳥たちの繁殖活動は順調に進められていった。

しかし、私の頭の中は混乱したままであった。本来、同種に対して向けられるはずの社会活動が、ここでは異種の個体に対しても同じように触発され、その結果、同種、異種の入り混じったなわばり社会が成立しているのである。これはどういうことなのか。この場合、なわばり制は、モズとアカモズの双方にとってどのような意味をもつのか。モズとモズの関係を調べるつもりだったのが、思いがけぬモズとアカモズの関係にまどわされてしまい、私はすっかりわからなくなってしまったのだ。

その頃、ろくに講義にも出ずに、ボロボロになりかけた剥製をつけた竹竿をかついで、教室と農場の間をうろうろしている私の姿は、動物教室の心あるスタッフの心配をかきたてたものらしい。老教授のこんなぼやきが、私の耳にきこえてきたりした。

「石城君は、あれはいったい何をやっているのかね」

ほんとうに、自分でも何をやっているのかわからなくなってしまっていた。

とうとう思いあまって、私はある日、当時教室の講師だった太田嘉四夫先生のところへ押しかけた。ある事情があって、先生はその頃、学生に対する講義をもっておらず、私たちにはちょっと近づきがたい立場にあったが、私は先輩のアドバイスを受けて、先生に相談することにしたのである。

さっぱり要領を得ない学生の話をどうにか聞き終った先生は、即座に言った。

「君は種間なわばり制という言葉を知らないのか」

なんですか、それは——。どっと冷汗が出る思いであった。先生はたたみかけた。

「生態学を志ざす学生が、観察に熱心なのは結構だが、勉強の方も一緒にしなければ駄目だ」

しかし、この単刀直入の先生は、同時に親切で熱心な助言者であった。

動物のなわばり行動は、一般的にはたしかに同種個体を対象とするものであるが、鳥などではしばしば異種間でもなわばり関係がもたれることを、先生は私に教え、それに関する論文をその場で貸してくれた。

先生はさらに、君のいま観察していることは、近縁種の種間関係という面からみてなかなか面白そうだ、といわれ、私に生態学における近縁種の種間関係の問題について話してくれたのであった。

同じ生活資源を要求する近縁な生物の間ほど生存競争が激しく行なわれ、この競争と淘汰の過程を通じて生物の進化が行なわれるとしたダーウィンの説から始まり、競争する二種の個体数の時間的変化を数学モデルで表現しようとしたロトカとボルテラの話。これを広汎な実験で検証しようとしたガウゼの話。そしてこのガウゼの業績から導かれた、生態の似た近縁な二種は同じところに永く共存出来ない、という命題をめぐる論争の話。また一方では、生物的自然の中では形態の似た種類同士は相似た生活の場をすみわけ、互いに対立と相補の関係を保ちながら一つの同位社会をつくっているという今西錦司のすみわけ理論などが、それらに対する先生自身の意見を混じえて語られた。

しかし、近縁種の種間関係については、このようにいろいろな論議はあるけれども、複雑な自然条件のなかで、近縁種がどのような機構を通じて関係しあっているかについての研究はまだ少ない、と先生はいわれた。そして、せっかく近縁種の面白い関係が見られるのだから、モズ同士だけの関係が見られなくて困ったなどと思わずに、モズとアカモズの関係自体にも関心をもってみたらどうか、というのが結論であった。

すぐには理解できないことばかりだったが、先生の話は面白かった。それに私はそのとき、大学に入ってはじめて、一人の教師に励まされていることを感じたのである。

それから私は、異種間のなわばり関係をとりあつかった論文を読みはじめた。調べてみると、いろいろとあるものであった。たとえば二種類のムシクイの間、数種のサバクヒタキの間、二種のコマドリの間、二種のマキバドリ、コマドリの一種とノビタキの間、シロチドリとコチドリの間等々に、異種間のなわばり関係のもたれることが、外国の文献に報告されていたのである。

こうして、広い鳥の世界のあちこちで、異種間のなわばり関係の見られることが私にもわかったのであるが、その組合わせの特徴は近縁種同士が圧倒的に多いことである。

そこで問題は、このような異種間のなわばり関係をどう考えるかであった。私は頭をかしげた。どの論文の見解にも納得出来なかったのだ。

まず、異種間のなわばり関係が、体型や体色の類似によって起こる間違った反応として、偶発的、一時的に生ずるものでなく、継続的なものとして群集構造に組みこまれたものであるという見方では、ほとんどの意見が一致していた。これは私にも理解できた。

ところが、この種間なわばり制が種間関係にはたす役割については、私の読んだ論文のすべてが、これを種間の競争関係を調整して近縁種の共存を可能にするものとみなしていた。同種内のなわばり制が種の存続を支えるように、異種間のなわばり制は種の共存を支えるものだというのである。

これに私は疑問をもった。私の観察しているモズとアカモズの場合をみても、たしかになわばり関係が成立したあとは、モズ同士、アカモズ同士と同様に、モズとアカモズの間にもトラブルはなくなっている。互いのなわばりを認めあうことによって、種間と種内の闘いが同時に調整されているといっていい。

だが、つがい同士の関係としてみれば、たしかにこの種間なわばり制は調整機構として働いているが、種類同士の関係として見ると、むしろ互いの圧迫関係を生むものとして働いているのではないか。

たとえば、現にモズとアカモズは、なわばり関係を共有することによって、互いの生息数を制限しあっているのではないか。もしもこの林地に、モズかアカモズのどちらか一方しかいなかったならば、一方の種だけでここに五つがいが住むことが出来るかもしれないし、またもし、モズとアカモズがなわばり関係の上でまったく無関係であれば、両方の種がそれぞれ五つがいずつここにすみつくことだって出来たかも知れないのだ。

それにまた、種間なわばり制を結びあう一方の種が、他方の種よりも明瞭に闘争力で勝っていた場合はどうか。そのときは、優勢な種のつがいのみがつぎつぎとなわばりを確保し、劣勢な種は種間なわばり制のゆえに圧迫され、駆逐されることにならないか。

これが私の疑問であった。だが、そうしているうちに早くも七月の半ばが過ぎた。夏休み中、私は太田先生について、ネズミの調査の手伝いをすることになり、今年の観察はこれで終りであった。

翌年も私は、同じ林地で観察を行なった。この年にも合計五つがいのモズとアカモズがここで繁殖したが、今度はモズが三つがい、アカモズが二つがいで、なわばりの配置も昨年とはまったく違っていた。だが、見事な種間なわばり制がもたれた点では、昨年と同じであった。

しかしこの年には、私は大学構内での観察だけでなく、札幌の郊外に出かけてモズとアカモズの生息状況を調べてみた。それは構内の林地で見られるような両者の混生状況が、ほかの場所でも一般的に見られるのかどうかを知るためであった。

私はまず、札幌市街の西側にある藻岩山に行ってみた。山麓一帯の林縁部や疎林地帯には、たくさんのモズが見られた。ところが、アカモズがいないのである。何日間かかけて調べて歩いた結果、観察されたのはやはりモズだけであった。見たところ、モズたちは森林の奥深くにははいっておらず、おもに林縁の灌木の多い場所に生息しているようであった。

そこで私は、今度は札幌市の東側にひろがる石狩平野の一角にある米里地区に出かけてみた。当時このあたりは、見渡すかぎりの畑作地帯で、そのあちこちに防風林や川岸の茂みが点在していた。

ところが、こちらはアカモズの世界だったのである。ここではアカモズたちが防風林の茂みに営巣していて、農耕地と防風林の間を行き来していた。

大学の構内でモズとアカモズが一緒にいるところばかり見てきた私には、これはちょっとした驚きであった。しかし私はそこで、自分の少年時代の経験を思い出した。私の郷里の長野県の諏訪地方では、市街地周辺の農耕地にアカモズが毎年繁殖していたが、それが諏訪湖を見おろせる山にあがってゆくと、アカモズにかわってモズが繁殖しているのであった。モズたちは、渡り鳥であるアカモズがいない秋から冬の間だけ、市街地周辺におりてくるのである。中学生時代の私は、いつもこのことを不思議に思っていたものだった。

どうやらモズは山林の鳥、アカモズは草原の鳥といってよいようである。これが一般的な姿なのだ。札幌地域全体から見れば、モズは西側の山岳地帯の周辺部に、アカモズは東側の石狩平野にと、両者はすみわけているとみて間違いない。大学構内の林地に見られる混生状態の方が特殊なのだ。このモズとアカモズの混生は、両者の生息圏の中間に孤立して取り残された小さな林地でおこっているのである。

札幌近郊地域におけるモズとアカモズのすみわけの状態をみて、私はあらためて種間なわばり制についての大方の見方に疑問を抱いた。種間なわばり制が近縁種の共存を可能にするものとしての機能をもつのであれば、どうしてもっと多くの地域で、モズとアカモズが共存していないのか。

その頃読んだイギリスの鳥学者ラックの本に、次のような記述があった。

食物をはじめ、同じような生活資源を要求する近縁な種類同士の上には、生活資源をめぐる競争の過程を通じての自然淘汰が働き、その結果は、二つの方向に向っての分化をひきおこす。一つは互いのすみ場所を違えようとする方向であり、もう一つは、同じすみ場所で食性を違えようとする方向である――。

モズとアカモズの場合も、この近縁な二種類の鳥は、一方が山間の疎林地帯に、一方が平野の灌木地帯へと、明らかにすみ場所を分化させている。しかし、このすみ場所の分化の過程で種間の競争関係があったとするならば、それは一体どのような機構を通じて行なわれたのか。

私はここに、種間なわばり制の役割を位置づけてみた。つまり、本来同種内のつがい間の調整機構であるなわばり制が、同種、異種を区別しない関係（種間なわばり制）となるとき、それは種間の競争機構になるのではないかと考えたのである。

動物における近縁種間の競争の機構については、生活資源や空間の直接的な取り合いや、一方の種が排出物の蓄積などによって競争種の生存を不可能にしてゆく条件づけ、さらに行動を媒体としての干渉などが論議されている。一般的には、神経系統の高度に発達した動物間の競争ほど、行動による干渉が大きいとされる。しかし、この行動による干渉は、私が観察したモズたちのように社会行動の発達した動物の場合には、異種個体を選択的に攻撃したり排除したりすることによっておこるのではなしに、逆に同種・異種を区別することのない社会的反応をとおしておこるのだと私は考えてみたのだ。

北大構内の小さな林地の中で、モズとアカモズが、種間なわばり制をもつがゆえに、互いの生息数を制限しあっているのは、間違いのない事実である。そして、もしもこうした場合に、一方の種が他方の種に比べてなんらかの有利な条件をもったとすれば、まさに同種・異種を区別しない社会的反応の結果として、一方が他方を排除することになるにちがいない。

なわばりの攻撃行動は、個体やつがいの間の関係としてみれば、これは基本的に競争関係を生むものであるが、個体群のレベルでみれば、同種の生息密度を調節する働きをもつ調整機構を生むものである。そしてこれが異種個体を含む種間なわばり制を形成した場合は、種間競争を強める機構となり、さらに群集レベルでみれば、これは群集内の同位社会の密度を一定の枠内に抑える調整機構となっているのだ。一つの現象が、複雑な生物的自然の階層構造のレベルごとに異なった意味をもっているのである。

二年間の観察結果の上にこのような考察を試みて、私はどうにか、ささやかな卒業論文をまとめ上げた。

何回も書き方の不備を指摘され、書き直しを重ねた末に最後の清書が終ったとき、太田先生は言った。

「どうだ。少しは勉強になったか」

けっしてほめられたわけでもないこの一言に、私はなぜか満足した。

卒業後間もなく、私はこの小さな卒論を学会誌に発表した。私の処女論文であった。研究者にとって、処女論文は特別のものである。あとになって読みかえしてみると、それは幼なさに満ち、また学問の世界への恐れに満ちている。しかしそこには同時に、研究者が生涯忘れてはならないはずの初心と情熱がこめられているのだ。

そして、私の場合にはそこに、後に人生の師ともなった人とのふれあいの想い出もまつわっているのである。

心のカワウソ

北海道のどこそこにカワウソが現われた、という話はなかなかあとを絶たない。違うらしいということになり、人々が忘れかけたころになるとまた、カワウソ出現か、というような記事がどこかの新聞に載る。そしてそのたびに、動物相手の職業にたずさわる人間に問い合わせがくる。

つい先日、そんな問い合わせが私のところにまわってきた。いわく、勇払原野の美々川の流域で、最近カワウソらしき動物を目撃した人がいる。いったい、北海道のカワウソは本当に絶滅したのか、それとも、もしかすると少しは生き残っているのか、あなたはどう思うか。

美々川といえば、演習林の境界を流れる勇払川の支流である。しかし、私はすぐに答えた。

「北海道には、カワウソはもういないでしょう」

「ハア、やっぱり、いませんか」

「いないでしょう」

「でも、するとその、カワウソらしい動物というのはいったい何者なのですか」

「たぶん、イタチか、野生化したミンクでしょう」

「――そうですか。カワウソではありませんか」

「違うでしょう」

「でも、カワウソが本当にいないという証拠はありますか」

「いないということは、証拠をあげることができません」

「じゃ、もしかすると――」

「いえ、いないでしょう」

若い新聞記者の落胆ぶりは、気の毒なほどである。

しかし、がっかりした新聞記者が帰ったあと、私はタバコをふかしながらあらためて考える。北海道には、どうみても、もうカワウソはいない――。


人間やゾウは別として、たいていの動物は五十年も百年も生きつづけられるものではない。だから、ある種類の動物がどこかに生き残っているということは、単なる個体ではなしにその種族が生き残り、繁殖をつづけていることを意味する。そのためには、最低でも数十頭、あるいは数百頭といった大きさの個体群が存在しなければならない。

しかも、カワウソはネコよりも大きな動物である。活動範囲もひろい。いかに用心深いとか夜行性であるとかいっても、これだけ開発が進み、すみずみまで大勢の人間の目が届くようになった北海道で、もしも実際にいるのなら、こんな動物が二十年にも三十年にもわたって実物や写真のかたちで姿を現わさないはずがない。

しかし、はっきりしたかたちで現われるのは、いつもカワウソを見たという人間の方であって、カワウソ自身でないのだ。

それに、大量の淡水魚を食べねばならないカワウソの、しかも個体群を養いうるほどの生産力をもち、また彼らに必要な隠れ場所や営巣場所を含む大面積の自然環境を残しているような河川や湖沼は、現在の北海道にはもう存在しない。カワウソはやはり、いないと思うわけである。

むろん、いないということは立証の難しい問題である。動物には、いることの痕跡を残すものはいても、いないことの痕跡を残すものはいない。だから、痕跡があるということは、それがいる場合にかぎられることになるわけで、いないという論理に物証を添えることは、まず不可能といっていい。

そこで、いない証拠がないからいるかもしれない、という単純な論理が横行し、ヒバゴンやネッシーが性懲りもなく生きつづけるのである。

カワウソの場合も、いないという意見に添える物証はないのだから、これはあくまでもひとつの判断にすぎない。だが、この判断には、それなりに論拠はあるわけである。

北海道のカワウソが絶滅した原因には、いくつかのことが考えられる。しかしなんといっても最大の原因は、その高価な毛皮ゆえの乱獲である。それに、彼らの食物であったサケ・マス類をはじめとする魚の激減と、流域の開発が追いうちをかけたのに違いない。

しかしそれにしても、と私は思う。北海道のカワウソが絶滅してしまったのは、なんと残念なことだろう。

正直に告白すると、実は私も、カワウソに生き残っていてほしかった、いや、いてほしいと切に願う人間の一人なのである。北海道の田園や原野に、いまもあの魅惑的な動物がいたらどんなに素晴らしいだろう。

カワウソ

しかし、カワウソにいてほしいと願うのは、そのためばかりではない。それは、カワウソがいるような状態こそ、河川とその周辺に健全で豊かな自然環境が保たれている証拠だからだ。それというのも、カワウソは淡水生物群集における食物連鎖の頂点に立つ動物、すなわちターミナル・アニマルなのである。そして生態系の基盤が損なわれ、生物群集の構造や機能が破綻をきたしたときに、まっさきに滅びるのが、ターミナル・アニマルをはじめとする食物連鎖の上位にある動物なのである。すると、これらの動物によって制御されていた多くの動物の個体群変動は、歯止めを失った不安定なものとなり、大発生を起こしたり、あるいはその反動で急激に減少してしまったりするようになる。カワウソのようなターミナル・アニマルが生きつづけているということは、豊かで健全な流域の生物社会が、安定した姿で存続していることのなによりの証しとなるのである。

だから、カワウソがいなくなったということは、単にカワウソだけのことではないのだ。それは流域全体の生物社会が破壊されて貧しいものになってしまったことなのだ。

それにしても、最近の北海道の河川はなんとひどい状態だろう。汚れた水、絶えず氾濫するようになった流れ、そして魚のほとんどいなくなった死の川は、工事が工事を呼んで単なるコンクリートの樋と化してゆく。

しかし、私は最後に、しみじみと考えないではいられない。やはり、カワウソはまだ生きているのだ——。ただしそれは、勇払や石狩の原野ではなしに、失われた北海道の自然を懐しみ、滅び去った動物を惜しむ人々の胸の中に。カワウソは、今は失われてしまった、北海道の豊かな自然の象徴として、人々の胸の中に生きているのだ。そして、人々の心の中に生きつづけているカワウソが、いまでもときどき現実を求めてさ迷い出るのに違いない。

きっと、多くの人々の心のどこかに、北海道の原野の片隅に、なんとかカワウソが生き残っていてほしいと思う気持があるのである。その気持が、水の中を泳ぐ動物の姿をちょっと見ただけで、ついカワウソだと胸を躍らせてしまい、つまりは「カワウソ出現か！」の誤報記事が新聞にでることになるのだ。なんとあわれ切ない人の心だろう。

そこで、私は思わずにはいられない。ではせめて、人々の胸の中に住むカワウソだけでも保護できないものか——。

それにはもう、こうするほかはない。つまり、カワウソを見たと思った人は、そのことをなるべく人に話さないことだ。

勇払原野にしろ、サロベツ原野にしろ、かつてカワウソたちが暮していた湿原に、いまは昔日の面影はない。しかし開発に食い荒らされた原野のあちこちには、それでもまだ、湿原の断片が残り、そこだけを見れば、川はなんとか自然の面影を残して流れている。

そんなところで、なにか動物の影が動き、ひょっとしてそれはカワウソではないか、と思ったならば、その人はその想いを大切にし、それをそっと胸の中にしまっておくことだ。

また、万一、それを打ちあけられた人がいたら、その人はもっともらしい理由をあげてそれを否定してはならない。ただ一言、そうか、とだけ言うことにしよう。

カワウソを見たと思った人も、それをそっと打ちあけられた人も、ときどきその場所をこっそりと訪れ、もしかするとここにカワウソがいるかもしれないという想いに浸る。それでよいのだ。現実のカワウソはもういない。しかし垣間見たカワウソの影は、その人の心の中にひそむカワウソの後ろ姿なのだ。そのカワウソまで滅ぼしてしまうことはない。

野暮な調査などを行なって、それが実は、イタチやミンクにすぎなかったなどと、そんなわかりきったことをいまさら確認しても、いったいなんの役に立つのだろう。

そんなことをするよりも、せめて、カワウソがいてもおかしくないような気分を起させてくれる、なけなしの自然を護ることに力を合わせよう。そこに心のうちなるカワウソを住まわせ、また残り少なくなった北海道の自然を愛する気持をつなぎとめるために。

アオサギの挽歌

私の住んでいる北大苫小牧演習林の東方へ約一キロの地点に、小さなヤチハンノキの林がある。ウトナイ湿原の片隅に辛くも残された、見るからに弱々しく衰えたほんの一握りの林地である。

だが、この土地で自然保護に心を寄せる人々にとっては、この林は特別な意味をもっている。実は、ここは道内に三カ所しか知られていないアオサギのコロニー（集団営巣地）のひとつなのである。地元自然保護協会をはじめとする人々の熱心な働きかけによって、いま、この林地はどうにか保存され、アオサギの保護が図られている。

しかし残念なことに、こうした努力も空しく、アオサギの数は年々減ってゆくばかりである。地元の鳥獣保護委員である宮崎政寛氏によれば、昭和四十八年にここで数えられたアオサギの数は三五羽であった。しかしその数は、四十九年には一〇羽、五十年には一八羽となっている。かつてはここで八〇羽を超えるアオサギたちが、さかんにヒナを育てたのであった。

林の上空を舞うアオサギの悠揚迫らぬ姿に、滅び去ってゆくものの無言の挽歌を聞く想いがするのは私だけだろうか。それにしても、アオサギはいったいなぜ減ってゆくのか。

わが国で保護の対象とされる動物は、例外なく稀少な種類である。稀少動物の保護が、それはそれで大切なことであるのは言うまでもない。しかしその反面、同時に考慮されるべき、ありふれた動植物から成る自然環境全体の保存の重要性の方は、とかく軽視されがちである。

すべての動物がそうであるように、特殊で稀少な動物もまた、その地域の生物群集の一員なのであり、その生活は、生物群集の中のさまざまな動物や植物との直接、間接の結びつきの上に、はじめて成り立っているのである。

そして、この生物群集を支え、維持してゆく上でもっとも重要な役割を担っているのは、いわゆるありふれた動物や植物なのだ。たとえば、カナダにおけるオオカミの保護が、その重要な食物であるトナカイの増殖からはじめられたのも、こうした認識に基づいてのことである。

ウトナイ湿原で、もともとアオサギの生活を成り立たせていたのは、静かで広大な湿原と数多くの湖沼、そしてそこに住む豊富なフナやウグイやアカガエルなど、まさにありふれた種類の、しかし豊かな淡水魚や両生類であった。それらはいま、どうなっているか。

いまから十余年前、苫小牧臨海工業基地建設計画に基づいて苫小牧に巨大な掘り込み港が造られた際に、掘り上げられた大量の土砂のあつらえ向きの捨て場とされたのが、石狩低地帯の南端にひろがるこのウトナイ湿原であった。

それは同時に、未利用の湿原に広大な土地造成をすることにもなる、一石二鳥の案でもあった。それに加えて、その後新たにこの地域にもちこまれた苫小牧東部開発計画を当てこんでの埋め立て造成が上積みされ、その結果、この地域一帯の湿原の埋め立て地の面積は、いまや六〇〇ヘクタールを大きく超えている。

これはウトナイ湖の面積をはるかに上回り、この地域のもともとの湿原面積の三分の一にもおよぶ広さである。

こうして、アオサギの生活の場であった湿原の多くは、いまや、やせたアレチマツヨイグサがはびこり、わずかな風に砂ぼこりが立ちこめるところとなってしまっている。こうした状況のなかで、アオサギの食物であった淡水魚や両生類がまた、どんな打撃を受けたかは言うに及ぶまい。

一部の人々の熱心な努力も空しいアオサギの年年の減少は、実はこうしたことの結果なのである。

ここで忘れてはならないのは、アオサギの減少が、けっしてアオサギだけの問題ではないことである。それはわれわれ住民を取り巻く自然環境の本来の姿が、大きく変化したことのひとつの現われなのだ。

アオサギ

思えば、この美しい大きな鳥に象徴される郷土の自然と引き換えに、われわれ住民が得たものは、いったいなんだったのか。すさまじい自然破壊とともに進められてきたこの地域の工業開発が、一般住民の暮しを、はたしていかほどか富ませたであろうか。企業の繁栄と住民生活の向上とは、少なくともこの日本の国では結びつかないのが現状なのである。

むしろ、大多数の住民の上に確実にもたらされたのは、汚れてしまった空気と水、それに荒寥たるものになってしまった生活環境だけなのではなかったか。

稀少で特殊な動物の保護は、その地域のありふれた動物や植物からなる自然環境全体のバランスを守ることによってはじめて成り立つものであり、その意味で、われわれ地域住民の生活環境の保全とけっして無縁のものではない。

生活の場を奪い、生活条件を破壊したうえで、僅かひと握りの営巣地だけを残し、それをもって自然破壊の免罪符とされたのでは、アオサギたちも浮かばれまい。そしてまた、浮かばれないという点では、われわれ一般市民もまた、立場は同じだと私は思う。

いまやほんの小さな、淋しいむれとなってしまったアオサギたち。その滅びゆく彼らの姿がいま、われわれに無言のうちに問いかけているものを、人間社会は、なんと受けとめるべきか。

イタチ風雲録

もう二十年あまりも前のことになるが、ある日の昼下り、私は学生寮の一室でイタチの解剖をしていた。前日遊びに行った札幌郊外の親戚の農家で、庭先で死んでいたというイタチを手にいれてきたのである。ちょうど土曜日の午後とあって、デートかなにか、同室の連中がみな出はらっているのを幸いに、部屋の中で解剖の店をひろげたのだった。

解剖とはいっても、そう高等なことをしていたわけではない。私はまず外部測定をし、それから腹を開いて内臓を確かめていった。肺臓、肝臓、腎臓、脾臓——。腸管を見たところで、私は食肉動物の消化管の単純さをあらためて得心し、胃を開いてこの動物が意外にも雑多な残飯類を食べていることを発見し、また睾丸を取り出したときは思ったよりも大きいと感心したりもした。要するに、その程度の解剖である。それから私は、この毛皮で剝製を作ることにし、皮を剝ぎにかかった。動物の毛皮は多くの場合、下肢と肛門のところから剝いでゆく。

その肛門の両側の臀部の皮下に、直径五ミリか六ミリほどの円形の外分泌腺があった。肛門腺である。私はこれも確認し、その部分の皮膚を剝ぎにかかった。しかしメスの刃先がちょっと滑り、片方の肛門腺が破れて、そこから膿汁のようなものが流れだした。そのとたん、強い臭気がたちのぼって目にしみた。

においが目にしみた、というのはおかしいかもしれないが、私の場合はそうなのである。私は極端に貧弱な嗅覚の持主で、花のにおいなどときたまにしか感ずることができない。それはどうやら高校をでて間もなく蓄膿症の手術をして以来のものらしいが、そんなわけでにおいが鼻よりも目にしみたのである。

しかし、タマネギが目にしみるのと同じ程度のことは、そうたいした問題ではない。私はせっせと仕事をつづけた。途中、背後で部屋のドアが開いたような音がして、同室の誰かが帰ってきたのかと思ったが、誰も入ってこなかったところをみると、そうではなかったらしい。

やがて私は毛皮を剝ぎ終り、毛皮の裏にＤＤＴと明礬（みょうばん）をよくすりこんでから、今度はこういうときのためにいつも用意してあるペンチや針金や綿やらを、机の引き出しから取り出して、剝製の中身を作った。これを毛皮の中に収め、形を整えながら最後に木綿糸で縫い合わせると、自分としてはなかなかの出来映えの剝製ができあがった。あとは頭部を洗面器で煮て肉をはがし、頭骨標本を作るだけである。

ところがそのときまたドアが開き、今度は間違いなく同室者の一人であるＴ君の顔が見えた。しかし彼は、いきなりなにか叫んでドアをバタンと閉めてしまった。どうかしたのだろうか。

驚いた私がドアを開けてみると、彼は鼻を手で押さえたまま手短に言った。

「臭い。これはひどい。僕は食堂へ行く」

どうにか事態に気づいた私は、あわてて部屋の窓を開け、散らかった内臓や肉を外のゴミ箱に始末してから食堂へ行った。しかし日頃温和なT君が、このときはきっぱりと言った。

「僕はずっとここにいる」

その日、夜おそくなってから、ようやくT君が部屋に戻って間もなく、今度はもう一人の同室者であるK君が帰ってきた。聞けばK君も午後に一度帰ってきたのだが、凄い悪臭に恐れをなし、そのまままた街へでなおしたのだそうである。

その夜、まだ悪臭の漂う（らしい）部屋の中で、私はコッテリと二人から油を絞られたうえ、今後二度と部屋の中で動物を扱わないことを誓わされた。説教の締めくくりにT君は言った。

「それにしてもこれは、死んでからの最後っ屁だな」

イタチの最後っ屁はよく知られた話である。イヌがひっくり返ったとか、ネコが何日も顔をこすっていたとか、ひどいのになると馬鹿になった人がいるとか、話はいろいろあるらしい。

ところでこの有名な一発は、実はわれわれ人間がともすると発するものとは、その迫力が違うらしいだけでなく、起原もまったく異なっている。

われわれ人間の場合は、腸内で不消化物が発酵してできたものであるが、イタチの場合は、肛門腺の分泌物が肛門から噴射されるものである。いってみれば、「屁」はガスだが「最後っ屁」は液体であるわけで、そのため、われわれの場合は知らぬ顔をしていてもそのうちに臭いは雲散霧消してしまうが、イタチの方は、洗濯でもして付着した飛沫を落とさないかぎり、臭いはなかなか消えないはずである。

それにまた、この両者は生活の中での役割においても、まったく別なものとされている。

人間の場合は、くつろいで気をゆるめたりしたときにふと油断して洩らす程度のもので、これをするかしないかは、お見合いの席や盲腸の手術のあとなどを別とすれば、われわれの種族保存や個体保存のうえでたいした意味はもたない。だからつい、この生活現象について、真面目に考えたり真剣に論議したりすることがないのである。むしろ、これは人にはばかられる現象として秘密裡に処理されることが多い。

だから、この現象が純文学など芸術の世界に登場するようなこともまずない。なかには、「まるく出て四角に臭う炬燵の屁」などとうたってみた人もいるらしいが、どうも文学の香りにはほど遠いようである。

ところがイタチの場合は、「最後」がついていることにも示されるように、これはぎりぎりの土壇場に追いつめられた際の起死回生のねらいをこめた悲愴な一発とされているのだ。

もしもそうだとすれば、これは彼らの種族保存と個体保存に深くかかわるものであり、とても人間の不謹慎な一発などと一緒にはできない。

現在、地球上に数ある哺乳類のなかで、最後っ屁をするとされているのはイタチ科の動物だけである。そして、イタチ科の動物はそのすべてが、肛門の両側に一対の肛門腺を具えている。

いったいどういうわけで、イタチ科の動物だけが、こんな奇妙なものを発達させたのだろうか。

そこで考えてみると、まず思いつくのは、彼らが小型の肉食獣であるということである。イタチ科のなかには、北米とユーラシアの北部にいるクズリや、北洋に住むラッコのように、かなり大型のものもいないわけではない。しかし全体としては、彼らは長い進化の歴史を通じて、つねに小型の捕食者でありつづけてきた一族なのだ。

そこで、こういう推論が出てくる。つまり、俊敏な捕食者であると同時に、一方ではより大型で強力な肉食獣からの脅威に曝されねばならなかった彼らは、そうした害敵に対する防御の武器として意外な凶器をお尻にかくし持つようになったのではないか。強力な肉食獣たちの興亡の渦中にあって、小型で非力な彼らは、この物騒な飛び道具をちらつかせることによって、生存闘争の修羅場を切り抜けて生き抜いてきたのに違いない、というわけである。

だが、このなんとなく通りのよさそうな話は、実をいうと、一度洗い直してみた方がよさそうである。

それというのも、世間話はいろいろとあるものの、最後っ屁を実際に体験した人がどうも身のまわりにいないのだ。職業がら、私の身近の研究者のなかには、おりにふれていろいろなイタチ科の動物を捕えたりする者もいるのだが、最後っ屁を見舞われたという話はついぞ聞いたことがない。

もっとも、私の恩師の太田嘉四夫先生は、かつてネズミカゴにはいった雌イタチの屁をかいだそうである。しかしそれも、「話に聞くほどたいしたものではなかった」ということであった。

それに、いま北海道でさかんに養殖されている、イタチ仲間のアメリカミンクはどうだろう。良質の毛皮をとるために、彼らは十一月から十二月にかけての時期に夥しい数がいっせいに屠殺される。しかしそのとき、養殖場の内外に悪臭の大爆発が生じて、近隣に住民運動がまき起こった、というような話は聞いたことがない。

もしかすると、イタチの最後っ屁というのは、案外、針小棒大な尾ひれのついた話なのかもしれないし、あるいはまた、学生時代の私のように、イタチの皮を剝ぐときに誤って肛門腺を傷つけた人の話から出たりしたものなのではないのか、と疑ってみたくなってくる。

肛門付近に外分泌腺をもち、においのある物質をだす動物は、たとえばジャコウネコ類などのように他にもいて、彼らの場合には、これは同種個体間の信号としての役割を果たすものであることが知られている。だから、イタチ科の動物の分泌物も、やはり本来は社会的信号のために用いられるものなのであって、たまたま興奮したときなどにそれが多く分泌されたりすると、人や動物に悪臭として嫌われるのではないか、そんな気がしなくもないのだ。

なんだか最後っ屁の話は尻つぼみになってきたが、しかしこうした疑問にたいする再反論もまたできないわけではない。それはなんといっても、臭気を防御手段として使っている明らかな実例が外国にはあるからだ。

それは北米のイタチ科の動物であるスカンクである。北米には三種類のスカンクがいるが、その彼らが危急の際に放つ悪臭のもの凄さは、広く北米大陸の人間界と動物界に鳴り響いている。

この恐るべき武器に絶対の自信をもつに至ったスカンクたちは、イタチ科の動物に特有の強い警戒心や素早い身のこなしまで捨ててしまい、かわりに、暗がりのなかでも自分がスカンクであることを明示する鮮やかな白黒模様の体色を身につけている。ただ、この嗅覚の世界に君臨する恐れを知らぬ動物は、その結果として、アメリカのハイウェイで事故にあう動物の筆頭となっている。もっともこの場合、不幸は車にひかれたスカンクだけのものではない。加害者の方も、その後何日もの間必死に車を洗い続けないと、悪臭のために車が使えないそうである。

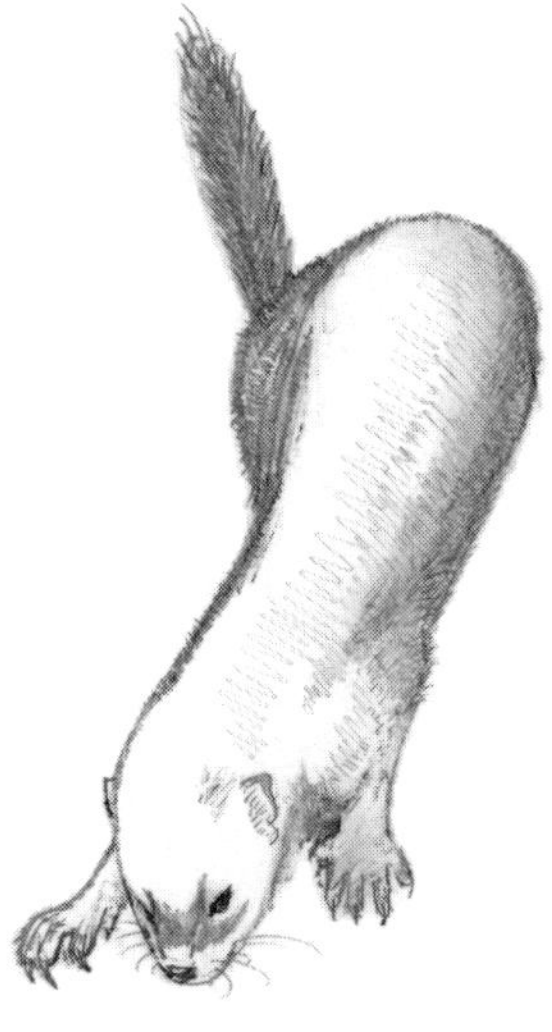

こうしたはっきりした実例から考えれば、日本のイタチも案外ほんとうに最後っ屁をしていて、ただそれが嗅覚の貧弱な人間にはそれほどこたえないだけで、鋭敏な嗅覚に依存して生活しているものの多い野生動物の世界では、結構ショッキングな威力を発揮しているのかもしれない。

イタチ

結局、最後っ屁についてはよくわかっていないのである。そこで、人間の「オナラ」はともかく、イタチ科動物のそれについては、やがてきちんとした研究が出ることを期待して、ここでは、このすばしこい殺し屋たちの自然界における位置や活動ぶりについて考えてみた方がよさそうである。

動物図鑑を開いてイタチ科の動物の姿を見ると、その多様さに、いつも目を見張る思いがする。彼らの形態は、あるものはクマに似、あるものはどことなくリスに似、またあるものはアザラシにまで似ているのである。同じ食肉目でも、ネコ科の動物のほとんどが互いに実によく似ているのとは、なんと対照的だろう。

現在、地球上には、約七〇種のイタチ科の動物がいるが、もともと彼らは、漸新世の初頭にはじめて地上に現われ、それ以後、新生代の中後期にかけて、おもに小型の捕食者として進化してきたグループである。そして、このイタチ科の進化の歴史における特徴は、彼らがその発展の過程で、何回かの適応放散を繰り返してきたことにある。この適応放散の繰り返しによって、イタチ科は食肉目の中でもっとも幅のひろい、多彩な進化を示すものとなっている。

現在、イタチ科の動物はイタチ亜科、ミツアナグマ亜科、アナグマ亜科、スカンク亜科、カワウソ亜科の五つのグループに分けられているが、彼らのあるものは樹上生活者であり、あるものは水の中に住み、さらにあるものは穴居性である。また、彼らの多くは俊敏な捕食者であるが、なかには動作の緩慢な雑食者もいたりして、彼らはその姿とともに生活様式や習性もまことに多様である。

ここで面白いのは、彼らのあるものは、こうした多様な適応放散の枝の先々で、他のグループの動物と姿や生活様式が類似していることである。

たとえば、北米とユーラシア大陸の北部に住むクズリは、ふさふさとした尾を持つことを除いては、重厚な体つき、強大なカギ爪のついた逞しい四肢、頑丈な頭部など、小型のクマによく似ている。水中生活者のラッコは、細長い胴、陸上生活には適さない短くて水かきのついた四肢など、アザラシの類によく似ている。また、おもに樹上生活を営むテンの類は、体型がリス型である。

このなかでテンとリスの場合は、似た体型をもちながら一方が捕食者、一方が被食者であるが、他の場合は、形態の類似は生活様式の類似と表裏をなしている。

これは適応放散とは逆に、類縁を異にする動物が、それぞれの特殊化の結果互いによく似た形態に到達しているわけで、生物学でいう収斂である。

ただ、ここでイタチ科の特徴として考えなければならないことは、クズリやラッコはクマやアザラシと似た体型や生活様式をもっていながらも、特殊化の段階としてはそれらの一歩手前にとまっていて、彼らと共存していることである。クズリはクマほど強大ではないし、ラッコはアザラシやアシカの仲間ほど徹底した水中生活者にはなっていない。クズリやラッコはクマやアザラシにちかいが、しかしそれほどには特殊化しないところで、彼らとは生態的地位をずらせて生活しているのだ。

つまりイタチ科の動物は、多様な特殊化を行ないながらも、もっと徹底した特殊化を遂げた他の食肉獣たちの中間を埋めるものとして栄えてきたのだといってよい。

また、イタチ科のなかではもっとも進んだ水中生活者であるラッコと、もっとも典型的な樹上生活者のテンの中間には、カワウソ→ホンドイタチ→エゾイタチといった中間型が連続している。このようにグループ内にもさまざまな中間型を含んでいることが、イタチ科動物のもつ多様性のもうひとつの側面なのである。

クマ科、イヌ科、ネコ科や海獣類など、それぞれに独自の特殊化の道を歩んだ食肉目のグループの間にあって、それらの隙間隙間を埋めてきたのがイタチ科だったとして、ではこうした、いわば特殊化の不徹底な彼らの立場を支えてきたものはなんだったのだろうか。

そこで考えられるのは、彼らが基本的に小型動物のグループでありつづけてきたことと、また一部のものを除けば、食肉目のなかでも際立って強烈な殺戮本能の持主だということであろう。彼らは際限と見さかいのない殺し屋なのだ。頭胴長三〇センチにも満たない一頭のホンドイタチが、たった一晩で農家のニワトリを全滅させたり、文字通り手のひらに乗るほどのコエゾイタチが、大きなウサギを捕食したりしてしばしば人を驚かせる。

食肉目の動物は、その鋭い牙のほかに、たとえばクマは圧倒的な体力を、ネコ族は類い稀な運動能力を、またオオカミは集団行動を、といったぐあいに、それぞれ独自の殺しの技術を身につけてきた。しかし小型でとくに際立った道具を持たないイタチ科の動物の捕食者としての最大の武器は、その強烈で執拗な攻撃本能そのものなのである。

ところで、この小柄だが勇ましい殺し屋の一族は、近年の北海道でめまぐるしい興亡の歴史をもっている。

私たちが普通イタチと呼んでいる動物の正式の和名はホンドイタチである。現在では北海道内のいたるところに住んでいるこの動物が、実は明治以降に本州からやってきた侵入者であることを知る人は、最近ではあまり多くないようである。

もともと北海道に住んでいたイタチ科の動物は、エゾイタチ（オコジョ）、コエゾイタチ（イイズナ）、クロテン、カワウソの四種である。明治以前の北海道にホンドイタチがいなかったことは、シーボルトやブラキストンによって確認されているし、アイヌ語にはこの動物にあたる名前がない。

北海道にホンドイタチがやってきたのは明治の初期、津軽海峡を往来する船に乗ってきたものとみられている。船室に巣くうネズミを追って、船にはいりこんだ青森のイタチが函館に上陸したものらしい。

同じ本州由来の動物でも、タヌキなどは数万年前に本州と北海道が陸橋で結ばれていた時期にこれを伝ってやってきたものと考えられているが、これにくらべるとイタチの方は、文明開化の時代になってから、野生動物のくせにちゃんと乗り物に乗ってやってきたわけである。こうして函館に上陸した小さな黄褐色のインベーダーの、その後の進撃ぶりはまことにすさまじいものだった。北大名誉教授の犬飼哲夫先生によると、明治初年にはじめて函館に姿を現わして、望郷の念にかられる函館の人々をなんとはなしに喜ばせたというこのホンドイタチは、しばらくは函館近辺にとどまっていたようであるが、間もなく大がかりな北上を開始した。

犬飼先生の記録からその足跡をたどってみると、彼らは明治三十六年には森町に現われ、その後明治四十二年までに八雲、大正元年に虻田、大正三年に札幌と苫小牧、大正十年には旭川と北上し、大正の終りには北端の稚内に到達してしまっている。その間、約六十年である。一方その間に、深川から東方へ向ったイタチは、大正十三年には十勝の新得に現われ、昭和十四年にはすでに北海道東端の根室地方に達してしまった。結局彼らは、函館にはいって以来わずか七十年余で、全道に分布域をひろげ尽したのである。

興味あることに、彼らのこの快進撃には、当時さかんに建設が進められていた鉄道線路や道路、それに和人の部落などが役立ったとみられている。ホンドイタチは明治以降の北海道開発の波にうまく便乗したのだ。

しかしながら、このホンドイタチが燎原の火のような勢いで分布圏をひろげていった一方で、同じ時期に北海道のイタチ科動物の世界には悲しい在来種の絶滅が起こっている。

それはカワウソである。彼らはかつては道内各地の河川の流域や湿原、湖沼などに少なからず生息していたものであったが、それが明治・大正を通じて急激に減少の一途を辿り、昭和初期には絶滅してしまった。

先の犬飼先生の記録によれば、明治三十九年には、それでもまだ二七三頭のカワウソが道内で捕獲されている。しかしその数は大正五年にはわずか一七頭となり、昭和三年になってカワウソが全国的に禁猟になったときには、時すでにおそく、恢復が不可能な状態に追いこまれてしまっていたのである。昭和七年頃をさかいにして、彼らは二度と見られていない。

その絶滅の原因は、人間、それも明治以降の和人の進出に伴う河川流域の急速な開発と、優れた毛皮ゆえの乱獲である。人間の活動に便乗しての繁栄と、人の手による絶滅。ここにもまた、開道百年の歴史が北海道の動物界に与えた影響の縮図がある。

絶滅といえば、カワウソとともに明治以降急激な減少の道をたどったイタチ科の動物に、もうひとつ、クロテンがある。これは世界の毛皮界の王者であるシベリアのクロテンの同族であり、北海道のものは毛色が黄褐色を帯びていて毛足もやや短いとはいうものの、やはりクロテンには変わりがない。

そこで、二、三匹も捕えれば一年間は食うに困らないとまでいわれた高値が、例によって乱獲を促し、大正九年に禁猟になったときには、すでに絶滅の淵に追いこまれてしまっていた。

だがこちらの方は、さいわいにも一部が生き残り、近年ふたたび道北の天然林などに姿を現わしてきている。どうやら絶滅だけはまぬがれたようである。しかしいまのところはまだ、とても昔日の面影はない。

ところが、北海道のイタチ科動物の世界に起こった変動は、けっしてこうした戦前の出来事にとどまらないのである。

いま、私の手もとには、何枚かのアメリカミンクの毛皮の標本がある。毛皮はさまざまでダーク（黒）、パステル（褐色）、サファイア（青灰色）などがあり、見た目にはデパートの店頭にあるものと変わらない。だが実は、これは間違いなく北海道の原野、それも道北や道東や道南の各地で採集されたものである。これらはみな、養殖場から逃げ出して野生化したものなのだ。

北海道で毛皮生産用のミンクの養殖が本格的にはじめられたのは戦後のことであった。昭和二十七年に北海道庁が種ミンクを輸入し、農漁村の副業用に貸し付けたのをはじめとして、昭和三十年代になると、大手の漁業会社が養殖に乗り出した。

良質の毛皮を産出するために必要な気象条件は低温と多湿であるが、北海道はこの条件によく合っており、また、おりしも世界はミンクの大流行期にはいっていた。これに大量の安い魚肉餌料をみずから確保できる漁業資本が着目したのである。

もともとミンクの養殖は、一八六六年に北米ではじめて成功したものである。したがって、すでに百年以上の歴史をもっており、その間に数十種類の品種が作出されてきている。しかし百余年の年月は、ひとつの食肉獣から野性を失わせるには十分でなかったらしい。ミンクはいまだに食肉獣としての野性を失っておらず、あちこちの養殖場からときどき逃げ出した個体が、北海道の原野で生き延びて繁殖をはじめたのである。

いまでは、北海道内の野生ミンクの分布範囲は、すでに全道をカバーしているとみてよい。第二のインベーダーの登場である。ただ、ホンドイタチの進出が明治初期に函館を基点として開始されて全道に及んだのにたいして、ミンクの場合は道内のあちこちで、いつとはなしに野生化と増殖が行なわれて自然界に進出したわけである。

しかし、こちらの場合にもやはり人間の文化がからんでいて、ホンドイタチが乗り物に乗ってやってきたのにたいし、ミンクは人間の科学がつくったハイカラな上着を着こんで原野にやってきたのである。

さて、そこで私たち研究者の関心は、北海道の原野ではからずもめぐり会ったこの二つのインベーダーたちの今後の関係である。

野生化したミンクの道内での主な住み場所は、河川の周囲や湿原であるが、先着のホンドイタチもまた同じような所を住み場所としている。しかもホンドイタチとミンクをくらべると、ミンクの方が大型で、また、イタチよりもさらに胴長短足であるといった違いはあるものの、全体的にみると、ホンドイタチがジャパニーズミンクといわれるほどに、この両者は形態や生態が似ているのだ。となると、ここに当然、種間のイザコザが起こりそうである。

まだきちんとした研究が行なわれているわけではないが、どうやらミンクの進出した場所では、ホンドイタチの後退が起こっているらしい、というのがこの問題に関心をもつ道内研究者の見方である。

そうだとすれば、開道以後破竹の進撃をつづけて全道を制覇したホンドイタチの黄金時代も、意外に短期間のものになりかねない。が、はたしてミンクがホンドイタチを駆逐してこれにとってかわってゆくのか、それとも流域の上流部にホンドイタチ、下流部にミンクといったような住みわけが成立することになるのか、いずれにせよ事態は波乱含みの様相である。

だが波乱といえば、北海道のイタチ科動物の動乱の火ダネはまだこれだけではない。

昭和三十年代の末に、札幌郊外の藻岩山の麓の人家の庭先に一頭のテンが現われ、その写真が新聞に報道された。ところが、その写真が問題になった。どう見てもクロテンには見えないのだ。体がはるかに大きいし、尾の形なども全然違っている。そこで動物学者たちが検討した結果、これは北海道には自然分布していないはずのホンドテンだということになったのである。

ホンドテンは、本州、四国、九州に住むテンで、対馬にいるツシマテンや朝鮮半島のコウライテンの仲間である。同じテン属ではあるが、クロテンとは別系種で、体の大きさ、尾の形状、足の裏の状態、それに毛皮の色調や質などもはっきりと異なっている。

そのホンドテンが、どうして北海道で発見されたのか。どうやらそれは、戦前のある時期に東北産のホンドテンを毛皮用に飼育した人がいて、それが北海道の自然に定着していて姿を現わしてきたらしい。その後現在までに、ホンドテンは道南を中心にしてあちこちで確認されている。第三のインベーダーの出現である。ようやく復活の兆しを見せはじめたかに見えるクロテンたちに、この強力なライバルの出現は今後どんな影響を与えることになるだろうか。

インベーダーといえば、ここでさらにもうひとつ、チョウセンイタチの北上の問題がある。またの名をコリンスキーとも呼ばれるこのイタチは、ホンドイタチに近縁な大陸種であるが、体はひとまわりほども大型の動物である。

このチョウセンイタチが昭和五年頃に日本に持ちこまれ、大阪付近で野生化して、主に市街地周辺に住みついた。彼らはしばらくの間はあまり分布域を拡大することもなかった様子であるが、やがて徐々に勢力を増しはじめ、在来のホンドイタチを駆逐したり、あるいは山岳地帯にホンドイタチ、平地にチョウセンイタチといった住みわけ関係を成立させたりしながら、東進しはじめたのである。

こうして彼らは、昭和四十二年頃には岐阜地方に達している。いまのところ、チョウセンイタチの分布拡大は破竹の勢いというほどのものではないが、そうかといって、彼らの進撃が岐阜あたりで終ってしまうものとも思われない。じりじりと北上を続けた末、やがて青森に達し、かつてのホンドイタチと同じように、青函連絡船に乗りこんで函館に上陸してくる可能性がないわけではないのだ。

となると、これは第四のインベーダーの接近である。

イギリスの生態学者エルトンは、その著『侵略の生態学』で、文明の発展に伴う人間の活動の広域化、多様化、大規模化が、地球上の野生動物の世界にどんなに大きな変貌と混乱をもたらしつつあるかを描き出している。近年における北海道のイタチ科の動物の歴史はまさにその縮図である。

そしてこれはまた、動物の世界の新しいドラマのはじまりでもある。本州から渡ってきて黄金時代を築きあげたホンドイタチの王国に、アメリカから殴りこみをかけてきたミンク一族の台頭、道南を拠点に勢力拡大の機をうかがうホンドテンの跳梁、また北上して北海道への接近を噂されるコリンスキーの不穏な動き、さらにはまた、天然林の奥深くでまき返しを図るクロテン一家の蠢動——。北海道のイタチ界はいま、風雲とみに急を告げている。

スズメのお宿

昭和四十八年四月末のある晴れた日の午後、私は女子職員の山内さんと石井さんに手伝って貰って、演習林の構内に小鳥の巣箱をかけた。苫小牧へ赴任後まだ数日目のことであった。

巣箱と小さなハシゴを積んだリヤカーを引き、構内のあちこちの樹木や建物の軒下にハシゴをかける。私がこれに上がると、下から山内さんと石井さんが巣箱と金ヅチ、釘などを渡してくれる。

四月の末とはいっても、春のおそいここ苫小牧では、地面の下はまだ固く凍っていて、ミズナラやヤチダモなどの広葉樹の梢は、いずれも冬枯れの枝々を青空にひろげたままである。しかし、それでも雪の消えた地表のあちこちの枯草の間からは、ナニワズやフクジュソウの黄色い小さい花がのぞき、構内の近くの森からはアカゲラやコゲラが木のうろを打ち鳴らすドラミングの音が聞えてきたりして、のどかな春の午後であった。

私の手伝いをしながら、山内さんと石井さんは手に持った巣箱を珍しそうにしげしげと眺めたりしている。彼女たちにとって、こんなことをするのは、むろん、はじめてのことであった。今度きた新しい林長は、いきなりこんなことをはじめて、いったいどういう人なのだろうか。それに、こんないいかげんな木箱に、小鳥が巣を造るのだろうか。

巣箱は出入口の孔が直径三センチで、これはドリルであけたので大きさが揃っている。しかし、箱の外形の方は、一応規格を設けて作ったとはいうものの、大急ぎで作ったせいもあって、どれも個性豊かで、なかには見た目にもゆがんでいびつなものもあった。

しかしともかく、この日の午後、私たちは二五個の巣箱を演習林の構内にかけたのであった。それと同時に、私は構内の建物のスズメが巣を造りそうな隙間を、できるかぎりふさいでしまった。スズメたちに、せっかくかけた巣箱を利用してもらうためである。これが演習林における「巣箱事始め」であった。

それから数日後、山内さんや石井さんの懸念をよそに、私たちがかけた巣箱のいくつかには早くも小鳥たちが出入りをはじめ、やがてスズメ、ニューナイスズメ、シジュウカラなどが巣造りをはじめた。そしてこの年には、スズメ一三腹、ニューナイスズメ五腹、シジュウカラ二腹の、合計一〇六羽のひな鳥が巣箱から巣立ちしたのである。小鳥が少なくて淋しかった構内は、夏の間、少し賑やかになった。

やがて繁殖の季節が終って秋になると、私は鳥たちが使った巣箱を掃除し、冬の間に寄生虫が死んで、翌春また鳥たちが清潔な巣箱で繁殖できるようにしておいた。そして翌四十九年の春がくると、さらに構内に五八個の巣箱をかけ足して、鳥たちの繁殖を待った。

やがてはじまった構内での鳥たちの繁殖は、前年よりずっと賑やかなものだった。スズメの数も増えていたし、四月中旬には、前の年に巣箱で繁殖したニューナイスズメたちが、南から戻ってきたのである。この年には、スズメ一二腹、ニューナイスズメ三四腹、それにシジュウカラ一腹、ヤマガラ一腹、アリスイ一腹が構内の巣箱から巣立った。

五十年になると、巣箱の数はさらに一二四個に増やされ、巣箱を利用しての鳥の繁殖は合計六四腹にまでなった。これはもう驚くべき増加である。このころになると、構内の鳥の賑やかさは、とくに鳥に関心のない人の注意までひくようになり、演習林を訪れる人のなかから、鳥がすごく多いですね、とか、こりゃ、鳥のお祭りですね、などという声が聞かれるようになってきた。

五十一年には、新たにムクドリとコムクドリ用の大型の巣箱計三〇個が加えられ、これを利用したムクドリ一二腹、コムクドリ一八腹を含めると、巣箱で繁殖した鳥たちの数は一〇七腹にまで達した。まさに、生めよ増やせよである。こうなるともう、これは一種の騒音にちかい。特に六月から七月にかけての頃の、朝のひとときの賑やかさは、ちょっとした壮観である。ある朝、私と手をつないで構内を散歩していた幼い娘は、声をはり上げて叫んだ。

「みんな、静かにしなさーい」

しかし、さすがにこれが限度とみえて、その後、構内での鳥の繁殖密度はほぼこのレベルを保って今日に至っている。

それにしてもいったい、どうしてこんなにまで鳥を増やすのか。実はこの巣箱かけは、私の研究上のふたつのねらいから行なわれているものなのだ。

そのひとつは、野鳥というものが人為的手段の導入によって、実際にどれくらいまで増えるものなのか、という実験である。

野鳥が森林の樹木にたいして果たす保護的な役割については、古くからいろいろなエピソードなどもあって世間にも広く知られており、保護効果の量的な把握や、そのメカニズムの解析などについても、生態学や応用動物学の立場からの研究が進められてきている。

そこでこのことに関するもうひとつの研究課題として考えられるのは、そうした鳥による保護効果を最大のものにするために、森林内の鳥の種構成や生息密度を、個々の森林の内容に応じたもっとも適切なものに人為的に誘導する手段の確立である。原生保存林などは別として、われわれが森林から有用な資源を汲み出しつづけながら、同時にその行為がもたらしがちな生物群集の不安定化を克服して、森林の保護と発展を図るには、こうした一種の補償行為が有用なはずである。

しかし山の鳥、しかも害虫制御に有効な鳥を優先的に増やそうなどといっても、それにはいったいどうしたらよいのか。ここではよい森を育てるために鳥を増やそうというのだから、鳥がたくさん住めるようなよい森林をつくればよい、などと言ってもはじまらない。

そこで考えられるのは、鳥の密度を抑えている制限要因を人為的に取り払ってやることである。鳥の生息密度に関係する制限要因となると、一般的には食物の現存量、捕食者、社会関係、営巣場所、などが考えられる。

ところが食物について言えば、夏期の昆虫の現存量は鳥の制限要因になるほど少なくはないと考えられているし、人間が餌をやったのでは害虫をたくさん食べてもらう目的から外れてしまう。また捕食者については、これを除去することは生物群集の他の面への影響が大きいし、また被食者自身にとっても捕食者の存在は、劣悪な個体をとり除くことによって個体群の内容を健全なものにしたり、その数の変動を安定したものに保ったりすることによるプラスの面が少なくない。

一方、社会行動は、少なくとも直接的には人間の手で制御することは不可能である。では、営巣場所を補ってやることによってこの制限を取り除いたらどうか。これをためしてみるのが、実は演習林の構内に巣箱を大量にかけた目的のひとつなのであった。その点では、もともと鳥がほとんど繁殖していなかった構内は、この実験には最も適した場所だったのである。

それにしても、よく増えるものである。ニューナイスズメについてみれば、この演習林に赴任する以前の昭和四十六年と四十七年の夏に私がここを訪れた際には、一つがいのニューナイスズメが構内の電柱のパイルに営巣していただけだった。それが巣箱を設置することによって、昭和四十八年以降五年間で七一つがいにまで増えたのだから、大変な増加である。また五一年にムクドリとコムクドリ用の巣箱をかける以前は、この構内にムクドリとコムクドリはいなかったので、こちらの方はゼロから出発してたちまち合計三〇つがいという繁殖数になったわけである。山の鳥たちは、なんという旺盛な増殖力を秘めていることだろう。

一昨年、演習林で恒例の野鳥観察会が開かれたときのこと、一人の小学生が私に聞いた。

「どうしてこんなに鳥が増えるのですか」

だから、それはいま言ったように巣箱を、と答えかけて考えた。この少年は、もっと深いことを聞いているのではないか。つまり、鳥にはなわばりというものがあって、同じ種類の鳥同士が限られた場所にあまり混みあわないように互いに調節している、というような話は、動物好きの少年であれば知っているかもしれない。とすると巣箱がたくさんあるからと言って、そう鳥が密集することはできないはずではないのか――。よく聞いてみるとどうもそのようである。

となると、これはなかなか大きな質問である。野生動物の世界には、増えて繁殖してゆこうとする力がある一方で、一定地域内では、自分たちの種族があまり高密度になりすぎないように抑えようとする自己調節機構も働いているものである。

鳥の場合、その役割を果たすものとして、なわばりがよく知られている。

このなわばりについては、イギリスの鳥学者E・ハワード以来多くの研究が行なわれてきていて、さまざまな鳥がなわばりをつくり、これが配偶者や生活空間を分け合う秩序機構として役立つとともに、密度調整機構としても働いていることが明らかにされてきている。

しかし、鳥のなわばりは種類によってかなり内容が違っているし、それだけではなく、なわばりらしいなわばりをもたない鳥もかなりいることも忘れてはならない。

では、どんな鳥がなわばりをもち、どんな鳥がなわばりをもたないのか、となると、それはそう簡単に言える問題ではない。しかし北海道の森林の、それも小鳥類にかぎって言えば、地上や樹枝上に営巣する種類にはなわばりをもつものが多く、それにたいして、樹洞に営巣する種類には、生活空間全体を排他的に確保するような、典型的ななわばりをもつものは少ないといっていい。

これは、なぜだろうか。そこで考えられるのは、小鳥が営巣できるような樹洞が、森林の中ではかぎられていることである。樹洞は枯枝から幹に腐朽がはいることによってできたり、キツツキ類が幹に穴を掘ってできたりするものであるが、森の中には、そう無数にあるものではない。

しかも、このかぎられた樹洞を、多くの種類の鳥たちがその入口の大きさによって使い分けているのである。演習林の構内では入口の穴が直径五〜六センチの樹洞はムクドリが使い、それより小さなものはコムクドリが使い、穴が三センチ前後だとニューナイスズメやゴジュウカラが使い、さらに小さくなるとシジュウカラ、コガラが使うのである。

また、オオアカゲラなどが生木に掘った巣穴は、その後、年とともに周辺から組織がまきこんで小さくなってゆくが、このような場合は、同じ樹洞をやがてニューナイスズメなどが使い、次はシジュウカラが使うといった具合に、時間的に使い分けている。樹洞性の鳥たちは、森の中の樹洞をこうして無駄なく使っているわけである。彼らの住宅事情はそう甘くはないのだ。

そこで、営巣場所の制限の少ない樹枝上営巣性の鳥や地上営巣性の鳥が、繁殖期におけるつがいの分散を促進し、特定地域への無制限の集中を防ぐためのものとしてなわばり制を発達させたのにたいし、住宅事情にそう恵まれていない樹洞性の鳥の場合は、巣穴の数が制限要因となっているために、なわばり制のような自己調節機構を発達させる必要がなかったのではないか。必要がないばかりでなく、森の中に不均一に分布する巣穴を無駄なく利用するためには、なわばり制のような地域分割はむしろ邪魔にすらなったのかもしれないのである。

スズメ（左）とニューナイスズメ

こんなわけで、なわばり制社会をもたない樹洞性の鳥の場合は、巣箱を補給してやることによって驚くほど増えるのだ。樹洞営巣性の鳥たちのなかで、自分で巣穴を掘るために住宅問題に困らないキツツキたちは、ちゃんとなわばりをもっている。

ただ、それでもやはり限度があるらしいのは、密度が一定レベルを超えると、食物の現存量とか、異常密度からくる社会的混乱やストレスとかが、やはり制限要因として働くようになるのに違いない。

私は少年の顔をのぞきこんだ。だいたいこんなわけなんだが、わかったかな。だが、少し聞くといっぱい答える、とわが家の子供たちに言われるいつもの癖がどうも出たらしい。私の話の終るのを待ちかねていたらしい少年は、うん、だいたいわかった、というが早いか向うへ走っていってしまった。

ところで、演習林の構内に鳥がすごく増えたといっても、その種類はひどく偏っていて、いってみれば大部分はニューナイスズメである。その理由は簡単で、それはスズメ類の繁殖に適した巣箱ばかりかけたからである。これは、私のもうひとつの研究目的からきている。

先にも話したように、昭和四十六年と四十七年の夏には、この構内には一つがいのニューナイスズメが電柱に営巣していたのであった。一方、建物の軒には数つがいのスズメが繁殖していた。そのことから私は、構内にこの二種のスズメの両方が利用できるような巣箱をかけ、かれらの増殖を図りながら、この近縁な二種類の鳥の種間関係を見ようと考えたのである。

ここで、スズメのことを少し紹介しなければならない。われわれの身近にいる北海道のスズメは、人によってはカラフトスズメと呼んで、本州などにいるスズメと区別しているが、実際は、ほとんど差らしいものはない。

さて、このスズメの学名を見ると、これは *Passer montanus* である。この *Passer* はスズメの属名で、*montanus* は山に住むもの、の意味である。つまり山に住むスズメという意味になる。また英名をみると、Tree sparrow で、これは直訳すれば林のスズメである。市街地や村落の建物ばかりに住みついているスズメに対して、これはちょっと意外な名前のようであるが、実は彼らはヨーロッパなどでは間違いなく森林の鳥なのである。ヨーロッパには、イエスズメというこれとは別のスズメがいて、こちらが市街地に住み、スズメは森林に住んでいるのだ。ところがその同じスズメが、極東方面では市街地の鳥となっているのである。そして、極東地域の森林にはもうひとつの別のスズメ、ニューナイスズメが住んでいる。

同じ種類の鳥が、ヨーロッパでは森林の鳥、極東では市街地の鳥となっていることは興味深い問題である。ここで考えられることは、ヨーロッパにおけるイエスズメ、極東におけるニューナイスズメの存在である。スズメはこれらの近縁種との干渉による住みわけの結果として、ヨーロッパと極東で住み場所を異にしていると思われるのだ。

そこで私は、演習林の軒下、樹木から近くの天然林にまで多数の巣箱を連続的にかけることにより、構内の軒下に住みついているスズメたちが、樹木園の中や天然林に進出してゆかないものかどうか、また逆に、天然林の中に多数生息しているニューナイスズメたちが構内の樹木園、さらには軒下にまで進出してこないかどうかを観察し、同時にそうした過程における両者の種間関係を調べようと考えたのだ。

結果はどうか。初めて構内に巣箱をかけた昭和四十八年には、スズメ一三腹、ニューナイスズメ五腹が構内で繁殖したのであるが、これを営巣場所別に見ると、スズメは軒下で九腹、樹木で四腹で、ニューナイスズメは軒下にはゼロ、樹木で五腹であった。それまで建物の軒にだけ巣造りをしていたスズメの繁殖域は樹木園にまで少しひろがり、一方ニューナイスズメは構内にそれまでよりは多くなったものの、軒下まではやって来ていない。

翌四十九年には、スズメ、ニューナイスズメとも繁殖つがい数が増えているが、この年は、スズメは軒下で繁殖したもの七腹、樹木で繁殖したもの五腹であった。これにたいして、ニューナイスズメのなかには、この年初めて軒下の巣箱に営巣するものが一つがい現われたが、他の三三腹は樹木で繁殖した。この年の営巣状況では、スズメ、ニューナイスズメとも軒下と樹木の両方の巣箱で繁殖してはいるものの、ニューナイスズメの繁殖のほとんどは、やはり樹木にかけられた巣箱を利用して行なわれたわけである。

ところが、五十年になると様子はかわってきた。この年のスズメの繁殖腹数は一〇で、前年よりも減少し、しかもその繁殖はすべて軒下の巣箱で行なわれたのである。つまり数が増えなくなったばかりでなく、一時は樹木にまで進出しかかった営巣場所が、ふたたび軒下に退いてしまったのである。それに対して、ニューナイスズメの方は、前年に倍する五七腹が繁殖すると同時に、この年には六つがいが軒下に進出して繁殖している。どうやら勢力を増したニューナイスズメが、本格的に軒下に進出してスズメを圧迫しはじめたのだ。

このような状態は、五一年以降になるとさらにいちじるしいものとなった。五十二年にはスズメはやはり一〇腹しか繁殖せず、それもみな軒下での繁殖だったのに対し、ニューナイスズメの繁殖腹数は、七八にも達し、そのうち一八腹が軒下で繁殖したのである。

それ以降は、ほぼこの状態が保たれて今日に至っている。因みに五十四年の繁殖状況をみると、スズメの繁殖腹数は一一、ニューナイスズメのそれは七二で、スズメはそのうちの一〇腹が軒下で、一腹が樹木で繁殖しており、ニューナイスズメは五六腹が樹木で、一六腹が軒下に繁殖している。

こうした結果から考えると、この両者の種間の競争ではニューナイスズメが優勢であり、いまや本来スズメの本拠地であったはずの軒下にまで大挙して進出しているのである。

しかし、ここで疑問になってくるのは、どうして、このニューナイスズメたちが道内各地の村落や市街地にどしどしはいりこんでいってスズメにとってかわっていないのか、ということである。

それはおそらく、ニューナイスズメが人間の居住地への適応性をスズメほどには持ちあわせていないからだろうと思われる。

たとえば、ニューナイスズメの採餌場所をみると、スズメと違って彼らは夏の間中ほとんど樹上で採餌していて、地上での採餌はスズメにくらべるといちじるしく少ない。ニューナイスズメは、秋の渡りの途中に、東北地方の稲作に大きな被害を与えることで知られているが、こうした地上採餌は、どうやら渡りの時期か冬期にかぎられているようである。

とくに、人間の居住圏への適応の重要なポイントと思われる残飯やゴミあさりを、彼らはまったくしないのである。少なくとも、彼らの夏期の生活には、広い森林が不可欠のものらしい。

それにまた、ニューナイスズメが構内の軒下にまで営巣したとはいっても、それは巣箱だけのことであって、建物の隙間にはまったく営巣していないのである。樹洞に似た丸い入口をもつ巣箱でないと駄目らしいのだ。また彼らが使う巣材も、枯草、枯葉、細い根などであって、同じ構内で巣造りするスズメが、紙屑やビニール片などをさかんに利用しているのとは対照的である。どうやら、こうした人為的環境要素を利用する能力の乏しさが、ニューナイスズメの市街地や村落への進出を止めているのではないかと思われる。

一方のスズメの方は、手強いライバルであるニューナイスズメの手の届かない市街地に立てこもり、そこで種族を維持しているのだ、という話になりそうである。だが、ニューナイスズメのいない場所、たとえば札幌郊外の藻岩山の森などでも、実はスズメたちは麓の人家の周辺から一歩も森の中へは出ていない。また、過疎化の進む北海道の農村地帯で無人の部落ができたりすると、わずか二、三年のうちにスズメもまた姿を消してしまうことが知られている。

どうやら、極東地域におけるスズメと人為環境との結びつきは、目先のライバルの有無以上に強固なものになっているらしい。同じスズメがヨーロッパでは純然たる森林の鳥だというのに、である。

極東にすむスズメが、どのような過程を経てこうした人間の居住域への適応を完成したかは、まだわかっていない。そもそも、ヨーロッパで森林に住むのと、極東で市街地に住むのと、そのどちらがスズメの本来の姿なのかも、いまのところ不明なのである。また、ヨーロッパでスズメが森林の中に住んでいるのは、ヨーロッパにいる近縁種であるイエスズメに対する優勢の結果なのか、それとも劣勢の結果なのか、これもまだ調べられていない。このもっとも平凡で地味な鳥は、研究者にとっては、大きな魅惑的な謎の持主なのである。

ともあれ、苫小牧演習林の構内でのスズメの戦争は、明らかにニューナイスズメが優勢のようであるが、しかし戦局を全道的に見渡すと、話はどうも逆らしい。つまり、人間の手による森林の減少によって、ニューナイスズメの生息域が年々減ってゆくのにたいして、スズメの方は、市街地の拡大によって生息域を増大しつつあるのだ。自然本来の種間競争ではニューナイスズメに歩のなさそうなスズメが、人間の営みを後ろだてとして繁栄の道を歩んでいるといっていい。

北海道の人口は約五五〇万人だそうである。スズメにとって、まさに五五〇万の援軍である。

ところでいま、鳥の研究者には興味深いひとつの情報がある。それはシベリア鉄道に沿って、ヨーロッパからイエスズメがアジア大陸を東進しているというのである。となると、やがていつの日か、このヨーロッパから来たイエスズメが極東の沿海州に達し、さらに樺太や北海道にも勢力圏をひろげてくるかもしれない。もしもそうなったとき、北海道のスズメたちの世界はいったいどうなるだろうか。スズメにとって、目に見えぬ新たな動乱の時代が、刻々と近づきつつあるのかもしれないのである。

さて、演習林の構内でニューナイスズメがスズメを圧迫している、といっても、ニューナイスズメはいったいどのようにしてスズメを圧迫しているのだろうか。ニューナイスズメがスズメをとって食うわけでもないし、また彼らが徒党を組んでスズメたちを苛めている、というような光景も別段見られはしない。

ここで、学生時代にモズとアカモズの観察で私が頭を悩ました、種間競争の問題にもう一度ふれてみる必要がある。

一般に、近縁な動物の種類同士は、形態が似ていると同時に生態の面でも似ていて、同じような生活資源を求めるものである。つまり、さまざまな生物がからまりあって構成される生物群集のなかで、同じ生態的地位を占めようとするのである。そのため、同じ生物群集の中で顔を会わせた近縁な動物同士の間には、ひとつの生態的地位をめぐる競争が起こることになる。

そこでこうした場合には、競争関係を原動力として、ふたつの面での分化が促進されると考えられている。そのひとつは、住み場所の分化、つまり互いに生息場所を少しずつずらして共存しようとする、いわゆる住みわけである。それに対するもうひとつの分化は、食物などの生活資源を別なものにしようとする分化である。

しかし、その地域の自然環境がこれらの分化を許容しなかったり、また一方が他にくらべて圧倒的に有利な条件をそなえたりしている場合には、一方が他力を駆逐したり滅ぼしたりして、種の入れかわりが起こるものと考えられる。

そこで問題は、このような種間の分化や入れかわりをもたらす競争関係が、どのような仕組で成りたっているかということである。

多くの研究者がこの問題に取り組んできた結果では、この種間競争の行なわれる仕組は、どうやら一様ではないらしい。

たとえば、穀物害虫のノコギリコクヌストに食い荒された小麦粉の中に、同じ穀物害虫のナガシンクイを入れると、ナガシンクイの産卵数は平常の小麦粉の中よりもいちじるしく低くなることを調べた実験がある。イギリスの生態学者クロンビーの有名な仕事である。これはノコギリコクヌストが有害な排出物で小麦粉を汚し、競争種のナガシンクイの産卵を低下させるように条件づけしてしまった結果である。

また、固着性のカイメンやホヤなどの動物たちは、固着する場所を奪いあって互いに競争している。これは取りあいと呼ばれる競争の仕方である。

しかし、こうした機械的で単純な競争の仕組は、どちらかというと、原始的な動物のグループに多く見られるものであり、複雑な行動の発達した高等な動物になるにつれて、種間競争は行動を媒体とした干渉によって行なわれている場合が多くなる。とくに、なわばりや順位などのような高度の社会性をもつ動物の場合には、同種個体間のなわばり関係や順位関係を形成する際に示される激しい攻撃性が、競争種の個体にたいしてどのように触発されるかが興味ある問題になるのである。

モズやアカモズと違って、スズメとニューナイスズメの場合は、生活空間全体を防衛するようななわばりはもたない。だが、彼らは繁殖期のはじめにつがい単位で構内の巣箱を奪いあい、巣箱とその周辺を防衛する。

三月下旬から四月初旬にかけて、南方からの渡り鳥であるニューナイスズメが姿を見せる以前の時期に、定住性のスズメたちは早くもつがいを組んで巣箱への出入りをはじめる。彼らはつがいで連れだって、次々といくつもの巣箱を覗いて歩き、やがて、その中のひとつに巣造りをはじめるのであるが、その過程で当然のことながら、あちこちの巣箱でつがい同士がはちあわせをする。

そこで、この時期の構内では、そこここで巣箱をめぐるスズメたちの争いがくりひろげられることになる。しかしこの騒ぎはやがて収まり、四月の中旬を過ぎるころになると、スズメたちの巣箱の占居関係もほぼ決まって巣造りが開始される。

ところがちょうどその時期に、ニューナイスズメたちが大挙して渡ってくるのである。そして、やってきたニューナイスズメたちはただちにつがいを組んでスズメたちの巣造りの世界に割りこんでゆくのだ。そこで構内では、ふたたび前に倍する巣箱の争奪騒ぎがまき起こり、ニューナイスズメ同士、ニューナイスズメとスズメ、それにスズメ同士の争いまであらためて行なわれる。これはモズ同士のなわばり社会にアカモズが割りこんでいった場合の様子と似ている。

そしてその騒ぎが収まったとき、ニューナイスズメの渡来以前に巣箱を確保していたスズメには、かなりの巣箱の放棄や移転が起こっている。巣箱を占居するスズメのつがい数は減少し、さらに、樹木園の中にまでひろがっていたスズメの繁殖域は、軒下にかぎられてしまうのである。むろん、そのあとにはニューナイスズメがはいりこんでいる。渡来してきたニューナイスズメが、スズメたちに大きな圧迫を加えるのだ。

そこで、問題のその圧迫の仕組と過程であるが、これまでの観察によると、モズとアカモズの場合同様、べつにニューナイスズメたちが同種個体にたいする以上に、スズメにたいして攻撃的なわけではないのである。ニューナイスズメたちはただ、同種のつがい同士でやるのとまったく同じようにスズメとも争うに過ぎない。ニューナイスズメのスズメにたいする「人種差別」もないし、もちろん、スズメのニューナイスズメへの「偏見」も認められない。

ただ、観察していると、ニューナイスズメとスズメが巣箱をめぐって争う場面では、ニューナイスズメの俊敏な行動力がものをいってスズメを圧倒している。この優劣の集積が、この構内におけるニューナイスズメのスズメにたいする圧迫となって現われてくるのである。

モズとアカモズの種間なわばり制社会に見られたのと同じような、同種・異種のわけへだてのなさが、ここでもやはり、両者の共存関係を進めるのでなしに、逆に圧迫関係を生ずる要因となっているのだ。

ともかくこんなわけで、演習林の構内が鳥の天国になったといっても、もともとからの居住者であるスズメにとってみれば、事態はけっして喜ばしいものではないのである。

七月の頃、構内を歩くと、構内の片隅にたむろするひとむれのスズメたちが見られる。雄も雌もいるが、みな立派な成鳥である。しかし、これは実は繁殖活動にあぶれたスズメたちなのである。

彼らの多くは春先に一度つがいを組み、巣箱への出入りをはじめたのであるが、ニューナイスズメの渡来による混乱の中で繁殖活動から離れてしまったのだ。

何気なく見ているかぎりでは、彼らの行動には別段変わったことはない。しかし私の目には、その姿はどこか精気がなく淋しげなものに映る。賑やかに繁殖活動にいそしむ多くの鳥達の姿をよそに、彼らはこうして空しくひと夏を過すのである。

私のクロツグミ

毎年、四月の下旬になると、演習林の森にクロツグミがやってきて鳴きはじめる。そのころになると、私はこの鳥の歌声のはじまりを今日か明日かと心待ちにし、そしてそんなある朝、樹木園の木立ちの中から彼の歌声が聞えてくる。

四月とはいっても、北海道の新緑の季節はまだまだ先のことである。クロツグミが鳴きはじめるのは、長い冬の間、大地を覆いつくしていた雪がようやく消えたばかりのころなのだ。森のあらゆる生命が躍動をはじめるのには、まだ時を待たなければならない。

それでも、解き放たれた大地からは、朝夕うっすらともやがたち昇って構内に漂い、すべてのものはいま、過酷な冬から解放された安らぎのなかに、静かに息づいている。

その静けさのなかを、高く、低く、クロツグミの歌が流れてゆく。およそ鳥たちの囀りのなかで、この鳥ほどにうたうものはない。歌詞をかえ、節をかえて歌いかけるかのようなその声は、まぎれもなく、長い冬の終りを告げる春の調べである。

はじめてクロツグミが鳴きだした日、私はいつも、終日この鳥の歌に耳を傾けないではいられない。そして、私の人生のまだ早春のころだった、少年の日のことを想い出す。

私は長野県上諏訪の街はずれに住む中学一年生だった。ある日、私は学校の帰りに虎の子の小遣いを握りしめて田舎町の古本屋にはいり、そこでかねてから目をつけてあった鳥類図鑑を買った。下村兼史の『原色野外鳥類図譜』である。この本を買うために、私は新聞配達をして小遣いを稼いだのだった。

古ぼけた緑色の表紙をしたB６判のその本をしっかりと抱えて家に帰った私は、その夜、胸をおどらせて頁を開いた。どの部分を開いても左側のページにはさまざまな鳥の姿がぎっしりと描いてあり、右側のページにはそれらの鳥たちの学名、分布、習性、形態の特徴などが記されていた。日本には、なんとたくさんの鳥たちがいることだろう。そのなかには見覚えのある鳥もあれば、まったく見も知らぬ不思議な鳥の姿もあった。夜ふけまで夢中になって図鑑を読みふけった私は、翌朝、夜の明けるのももどかしく、裏山に飛びだしていった。

一晩中、夢中になって知識をたくわえた私の目には、鳥たちはまるで生まれ変わったかのように多彩でいきいきとしたものに見えた。その朝さっそく、毎年家の近くで繁殖する鳥がモズではなくて実はアカモズであったことや、日ごろサクラドリと呼んでいた鳥の正式の名がコムクドリであることなどを私は知ったのであった。

その日から、私の鳥狂いがはじまった。それまで熱心だった昆虫採集や魚釣りもやめ、毎日学校が終わると、カバンを持ったまま、山の中をうろつきまわり、ありとあらゆる場所で鳥の姿を追い求めた。双眼鏡などあるはずもない当時の私であったが、しかし私には好奇心に輝くよい目があり、また身軽で敏捷な少年の足があった。学校での昼休みも、昼食もそこそこにすませると私は校舎の裏手の神社の森にでかけ、そこで杉の老木の枝にうずくまるアオバズクや高い欅の梢にいるサンショウクイなどを飽きることもなく眺めた。例の図鑑をかた時も手離さなかったことはいうまでもない。

こうして、ほんのわずかの間に、まだ見たことのないものも含めて、私は日本中の鳥の名前をほとんど覚えてしまっていた。そしてそんなある日、クロツグミの巣を見つけたのだった。

毎日学校へ通う山道の途中の、ちょっとわき道へそれたところに小さな稲荷があった。そこには白狐をまつった小さなほこらがあり、そのすぐ横は崖であった。稲荷のまわりには欅の大木などが茂っていて、その木立ちごしに、崖下にひろがる郷里上諏訪の街並みや諏訪湖が見渡せるのだった。私はセミをとるために、学校の行き帰りによくここを訪れていた。

この稲荷の森に、朝夕大きな美声を響かせて鳴く鳥がいた。このハトとスズメの中間ほどの、背面が青黒く胸にまだらのある鳥がクロツグミであることを、私はもう図鑑で知っていた。ある日、学校の帰りにこの稲荷の森に立ち寄った私は、近くにある桑の木とアケビのからみあった繁みから、黄褐色のクロツグミの雌がそっと飛び出すのを見た。そして、そこに巣があるのを見つけたのである。

木によじ登って覗いてみると、椀型の巣の中には青緑色の卵がふたつあった。それにそっと手を触れてみたときの、生あたたかくなめらかな感触を、私は今でもよく覚えている。

それからは、学校の行き帰りにここに立ち寄って、クロツグミの巣を覗くのが私の日課になった。そんなある日、いつものように巣の中にそっと手をさし入れた私の指先に、なにかかすかにうごめくものが感じられた。身を乗りだして覗きこむと、巣の底に赤はだかのふたつの小さな肉塊が見え、それが細い首を弱々しく持ちあげて、目もあかぬまま大きな口を開いて餌を求める仕種をしているのが見えた。

クロツグミ

私には生命の奇跡に思われた。石ころのような卵が、こうしてうごめくヒナになり、それがまたさらにあの素晴らしい親鳥になってゆくのだと思ったとき、生命の不思議さが私に身ぶるいを起こさせた。

わけもなく胸を躍らせて見入っているうちに、ふと私の胸にある考えが湧きあがってきた。そうだ。研究をしよう。いまから鳥のことを研究し、大きくなったら学者になろう。学者になって、一生、鳥のことを研究するのだ。

こうして、故郷の稲荷の森の片隅で、小さな二羽の小鳥が孵化した日に、私の胸の中には、その後のさまざまな出来事をつうじて結局は消えることのなかった、ささやかな人生の夢が孵化したのだった。

それからは大変なことになってしまった。研究となるとこれは大変なことである。それも、私の「研究」は、理科の自由研究などとはわけが違うのだ。なにしろ、学者になるための研究をはじめることにしたのだから。

張り切りすぎた私は、学校をサボりはじめた。当時の担任の先生は、大学を出てきたばかりの青年教師であった。私はこの若々しく元気な先生が好きだった。しかし私は、この先生に二日にあげず頭痛がするとか腹が痛いとか言っては早引けし、稲荷の森のかたわらの桑畑にかくれて観察めいたことをやりだしたのである。

そのころ学校で父兄懇談会があり、上の姉が学校に出かけた。二年前に母が死んだわが家では上の姉が母親がわりなのであった。その日、担任の先生から私のあまり芳しくない状況を聞かされてきた姉は、夕食のとき、その話を持ち出した。最近急に私が勉強に身がはいらなくなってきていること、また近頃どうも午後になると体の具合が悪くなるらしいこと――。

まずい成りゆきであった。早退のことがバレたのかもしれない。しかしそのときすぐ上の兄が、こいつはもともと馬鹿なのだ、しっかりしろ、と言って私の頭をゲンコで張り、それがもとで喧嘩になったために話はウヤムヤになり、私は胸をなで下ろした。

　そんな間にも、クロツグミのヒナたちは一日ごとに育っていった。目が開き、赤はだかだった体の表面に羽筒が生え、その先から羽毛がこぼれ出してくるころになると、毎日覗きこむ私を見上げる目には、強い輝きがみられるようになってきた。

　そしてそんなある日、とうとう我慢ができなくなった私は、いま私が子供たちに絶対にしてはならないと教えていることをしてしまった。鳴き騒ぐ親鳥の目の前で木の枝から巣を取り外し、これを家に持ち帰ったのだ。このクロツグミのヒナたちを自分のものにし、自分で育ててあげてみたい誘惑についに勝てなかったのである。

　愚かで、見境いのない行為であった。こんなものを家に持ち帰ったら、兄や姉たちに怒られるのは目に見えていた。それでもこっそり家に帰った私は、鳥の巣を小さなボール箱に入れ、これを二階の部屋の押入れの中にかくした。それから次に台所からスリ鉢と煮干しをそっと持ち出し、この煮干しを米糠や青菜とすり合わせて、どうやらスリ餌らしきえさを作った。

　しかし、こんなことが家の中でバレないはずもなかった。私の不審な挙動にいちはやく気づいた下の姉が、その日のうちに押入れの中の鳥のヒナを見つけ出してしまったのだ。いつも汚い虫やカエルなどを家のなかに持ちこんでばかりいる動物狂いの弟が、今度は二階の一室をトリ小屋にしようとするのを、姉たちが許せるわけはなかった。

　ただ、小さい頃やはり動物好きだった一番上の兄は、仕事から帰ってくるとこのクロツグミのヒナたちを珍し気に眺め、しばらくの間私と一緒に餌をやったりしていたが、やがて、頃合いを見はからって言った。

「さて、明日の朝になったらこの巣をもとの場所に返してこい」

しかし私は返しに行かなかった。そして、ボール箱に入れたヒナを学校へ持って行ったのである。学校ではさっそくクラスの生徒たちで黒山の人だかりであった。私は彼らに向って鳥の講釈をした。授業時間がくると、クロツグミは机の中にかくされた。

だが、これもすぐに先生にバレることになってしまった。一時間目は担任の先生の国語の授業だった。ところが机の中で空腹になったヒナたちが鳴きだしたのだ。一瞬静まりかえった教室の中で、先生は怒鳴った。

「なんだ、いまの声は。どこだ」

すぐに私の机の中の鳥を発見した先生は、目をむいた。

「なんだ、これは。けしからん。明日からは絶対に持ってくるな。いいか」

だが、私は兄弟の言うことも先生の言うことも聞かなかった。ふたたびこのヒナを家に持ち帰り、翌日はまた学校へ持って行ったのだ。

前日の注意を無視してまたヒナを教室に持ちこんだことを知ったとき、若い先生の顔には怒気が走った。私は生まれてはじめて廊下に立たされた。

それまでの私は、どちらかといえば成績の悪くない生徒だったかもしれない。しかしいまはもう、依怙地な劣等生であった。突然、勉強もせず、皆とも遊ばず、先生の言うことも聞かない生徒に変身して、鳥のヒナを抱えてうろうろしている私を、クラスの仲間たちはしばらくは不思議そうに見ていたが、それもわずかの間のことで、遊びや野球に忙しい彼らは、すぐに私のことなど無視してしまった。

しかし手を焼いた先生は、ある日の放課後、私を職員室に呼んだ。またひどく怒られる覚悟で行った私にたいして、だが、どういうわけか、先生は机の引き出しからセンベイを二枚とり出し、そのうちの一枚を私に手渡した。先生はセンベイを齧りながら言いだした。理科の先生に頼んでおいたから、これからは鳥を理科室の隅に置け、それから餌は休み時間にやれ——。

ちょっと意外な話に戸惑っていると、先生はポツリと言った。

「お前は、ほんとうに、生き物が好きなんだな」

予期しない優しさのにじんだ言葉に、私は不意をつかれ、なぜか胸が一杯になってしまった。

こうして学校の方はなんとかなったものの、家の方はいよいよ大変だった。なにしろ、部屋の中じゅう鳥のえさのスリ餌や虫だらけである。あげくのはては、幼虫をヒナにやるつもりでとってきた蜂の巣からアシナガバチが羽化し、それが下の姉を刺したりして毎日が大騒動だった。ただ二人の弟たちだけは、べつに生き物が好きなわけでもなかったが、物珍しさのためか私と一緒になって虫集めなどをしていた。

ともかく私は頑としてクロツグミのヒナを飼いつづけ、その間にヒナたちは大きくなっていった。私はその様子を手帳に記していた。今日は初めて羽根づくろいをした。今日は立ち上がって片足ずつ伸びをした——。そんなことのひとつひとつが、私には新鮮な驚きだった。

やがてこうしているうちに一学期が終り、学期の最後の日、私は兄や姉たちにはあまり見せたくない通知簔を持って家へ帰った。しかし、ともかくこれで、翌日からは夏休みである。

だが、大変な夏休みであった。それというのも、夏休みの始まりと前後してヒナたちがいよいよ巣立ちをし、部屋の中を歩きはじめたのである。そして、鳥というものは、どう教えこもうとしても糞を一カ所にまとめてすることができない生き物なのだ。二羽のクロツグミのヒナたちは、不器用に動きまわるさきざきで白い糞を机やタタミの上に落とした。これは、わが家の鳥騒動の火にさらに油を注ぐものであった。それでも私は、懸命に雑巾で糞を拭いて歩いたが、とても拭ききれるものではなかった。たちまち二階の一室は、シミだらけの異臭のたちこめる部屋となり、私や弟の本やノートまでが糞だらけになってしまった。

それに、えさの問題があった。台所の煮干しの持ち出しを禁じられた私は、街外れの田圃に行ってドジョウをすくってきてはそれを二階の窓のところに並べて干し、それでスリ餌を作らねばならなかった。そのドジョウからまた、生臭いにおいがたち、さらにはハエがいっぱいに群らがるのだから、兄弟たちにとってはたまったものではなかった。

しかしヒナは順調に育ち、やがてかなり飛べるようになりはじめた。その頃になると二羽のヒナのうち一羽は灰黒色で体がやや大きく、もう一羽は黄褐色で体がややきゃしゃになり、それぞれに雄と雌の特徴を現わしはじめていた。

それに彼らは、ツグミ科の鳥に特有の性質を示しはじめていた。巧みに地上を走り歩き、地面やタタミの上にアリやミミズが動くのを見つけると、すばやくこれにかけよるのである。これは林内の地上をかけまわって、ミミズなどを採食して暮すツグミ科の鳥の生活のはじまりに思われた。食物の大部分はまだ私の手から貰っていたものの、彼らは小さなミミズなどを、おそるおそるくわえて呑みこむことができるようになり、さらに容器に入れたスリ餌も、少しずつ自分で食べるようになってきた。

そうなると私は、裏の天神山の境内に行って彼らを木にとまらせ、口笛を吹いて呼び寄せる訓練をはじめた。鳥たちはすぐにこれを覚え、私はタカ匠にでもなったかのような気分であった。

それからは一日中、鳥と一緒に外で過す毎日になった。外にいれば部屋を汚さずにすむからである。朝、クロツグミのヒナたちを連れて家を出ると、食事のとき以外は家に寄りつかず、鳥たちと一緒に一日中外をうろついているのだった。好きだった読書も、夏休みの宿題も、私にはもう無縁のものだった。雨の降る日は、天神山の賽銭箱の横に腰かけて鳥と一緒に時間を過したりし、そんなとき、なんとはなしにもの悲しい思いが募ってきて、死んだ母が無性に恋しく思われたりもした。

こんな明け暮れのなかで、とうとう夏休みの終りがやってきた。

二羽のヒナたちは若鳥になっていた。彼らはもう、クロツグミ独特の流れるような波状飛行を身につけていて、私の肩と樹木の梢を自由に行き来するまでになっていた。

だが、このどうしようもない生活のなかで、実は私はヘトヘトになっていた。そしてこの頃には、兄や姉たちも、もう私を叱らなくなり、もともとあまり丈夫でなかった私の身体を気遣うようになっていた。何事にも思慮深かった二番目の兄は、私の観察記録を読んでアドバイスをしてくれたりした。母が死に、父も不在だったわが家では、なんといっても私たち兄弟は肩を寄せ合って暮していたのだった。

当時、文房具を商って一家の生計を支えていた一番上の兄は、まだ二十五歳にもなっていなかった。胸を患っていた二番目の兄と上の姉が家の中を守り、足の悪い下の姉は洋裁のミシンを踏んで家計を助けていた。そしてすぐ上の兄は、家計の負担を軽くするために、学業をやめて東京に出る決心をしていた頃である。こうした兄や姉たちの青春を犠牲にした庇護の翼の下で、弟のわがままがいつか許されていたのだ。思えば強情にわがままを押し通す弟も、それに手を焼く兄や姉たちも、貧しい生活のなかでそれぞれに自分の人生を模索していた時期だった。

とうとう夏休みが終り、不安な気持で二学期を迎えた朝、私は裏の天神山の御堂の軒下に餌と水を置き、鳥たちをそこに残して学校へ出かけた。自由に飛びまわるようになった鳥たちを置く場所は、もう学校にはなかったからである。

その日、学校の終るのを待ちかねて私が天神山にかけつけてみると、二羽のクロツグミたちは木の枝の上で私の帰りを待っていた。彼らはすでにスリ餌のほかに自分たちでかなり虫をとって食べているようだった。羽毛が幼体色であることと、ジュッジュッ、というヒナ特有の甘え声を発することのほかは、もう大きさも形も親鳥と同じほどになっていたのである。

私と鳥たちの関係は、こうしてさらにつづいてゆくかと思われた。

ところがある日、突然の別れがやってきたのだった。二学期がはじまって二週間ほど経った九月のはじめ、私が例によって急いで学校から帰ってきたとき、鳥たちの姿がどこにも見えなかったのだ。懸命に口笛を吹いて捜しまわった私は、とうとう日が暮れかかったとき、鳥たちがもうどこかへ行ってしまったことを悟った。

考えてみれば、クロツグミは渡り鳥であった。私とのきずなよりもっと強い自然の衝動が彼らをとらえ、見知らぬ土地への渡りに駆りたてていったのに違いない。

そのとき、ふと夕暮れの空を見上げると、空高く無数の赤トンボが飛んでいるのが見えた。突然、空から湧きだしてきたかと思われるようなアキアカネの大群だった。もう夏が終り、秋が来ていたのだ。野生動物とのふれあいには、かならず別れの時があることを、私が知ったのはそのときである。ひと夏のあいだ、精一杯意地を張り通してきた愚かな少年の目に、初めて涙がこみあげてきた。

しばらくそうしていたあと、やがて私は天神山の石段を下りていった。下りてゆく先に兄弟たちの待つわが家の灯りが見えた。その灯りが、むしょうに優しく、暖かいものにみえて、私はまたそっと涙をぬぐった。

演習林の森にはじめてクロツグミが鳴きだす日には、私は遠い少年時代の追憶にひたり、またそのなかに、今は亡い二番目の兄や姉たちの面影を追い求めているのである。

あとがき

この本を書くにあたって、私はこれを、北海道の山野に住んでいる動物たち、抜け目ないのもいれば駄目な奴もおり、可愛らしいのもいれば凄い奴もいる、その多彩で生き生きとした、そしてどこか哀れな、野生の世界への動物生態学からの招待状にしたいと考えた。

しかし、商売柄、日頃研究を通じて動物とつきあってはいるが、本当を言うと、私は理屈抜きで動物が好きなのである。

私にかぎらず、世の中には動物好き、と呼ばれる人々がいる。こと動物となると途端に腰が軽くなったり目が輝きだしたりし、時には家庭におかしな生き物を持ち込んで物議をかもしたりする人々である。

いつの時代にもいるし、またどこにもいるが、しかしこの人たちはいつも社会の少数派である。

少数派というものは、べつに有害な集団として敵視されているわけでなくても、どこか肩身がせまく、それに、「少数派の悲哀」、というものがつきまとっている。

動物好きはまさにそうした類いの少数派である。あいつは動物狂いだ、といった周囲の目は、一種風変わりなものを見る目つきであって、そのことによってその人物が世間の尊敬を集めたり、あるいは献身的な協力を受けたりするようなことは、まず絶対にない。

それに、信条や主張をタテに多数派工作などを展開して世の中に立場を確立しようとする一般の少数派とは違って、この動物好きという少数派には、他を説き伏せようというような気概がどうも欠けている。それというのも、彼らは自分の性癖が世間の役には立たぬものと悟っており、第一、自分がどうして動物好きなのかもさっぱりわかっていないのである。わかっているのはただ、ものごころついたその時から動物が好きだったという事実だけで、要するに理屈はないのだ。

しかし、こんなに根拠薄弱なくせに、ひとたび動物好きに生まれついた人の心は、終生絶対に変わることがない。動物狂いの少年は、その後猛獣使いにも動物園の飼育係にも、また獣医にもならず、おまけにいい年になっても、やはり動物園などでひそかに目を輝かしていたりする。

ところが、ここ二十年程のあいだ、日本の国の動物好き、特に野生動物に心を寄せる無害だがちょっとかわっている人々の胸には、なんと深い哀しみが満ち溢れ続けていることだろう。

それは経済成長の旗印のもと、開発計画の軍鼓とともに、日本の山野のいたるところでさまざまな野生動物たちが次々と追いたてられ、滅ぼされてきたことへの哀しみである。

しかもこの少数派の人々の哀しみとやるせない憤懣とは、人間社会の繁栄がすべてに優先するという、人間である限り何びとも否定できない原則の前に、長い間、他に訴えることの出来ないものであった。

しかし、やがて日本の国は、国土の荒廃からくる自然災害や公害といった、破壊された自然からの思いもかけぬ手痛いしっぺ返しを食う羽目になった。そして、この不幸な経験の中で、多くの人々は、人間の諸活動が自然から独立した文明の囲いの中で行なわれているとはいえ、やはり広い意味での自然との調和なしには存続し得ぬことを知り、また、自然環境を蹂躪してのこれまでの経済活動が、「人間優先」でなく実は「資本優先」なのであって、一般大衆の側には環境の荒廃と公災害といったツケの方だけがまわされてくることを知ったのであった。

こうした認識のもとに、自然保護や環境保全の運動がまき起ってきたのである。いま、自然保護の運動は日本の各地で行なわれている。そしてこの運動に、かっては物言うすべのなかった野生動物愛好者の人々もまぎれこんで参加している。しかし、この運動の中でも、「動物好き」やその親戚筋の「植物愛好家」たちは、やはりちょっと恥ずかしげで、遠慮がちにしている。

それは、自然保護運動には、それが一部の愛好者の感傷のためのものであってはならないという建前があるからである。私自身も、自然保護は何よりもまず、人間の生活条件を守る立場と論理に貫かれたものでなければならないと思っている。

だが、あえて言いたいのは、こうした自然保護の主張が、失われようとする自然や動植物を惜しむ、理屈抜きの哀しみの「感情」に裏打ちされていることをかくしたり否定したりする必要は少しもないということである。

人間という、文明を武器として地球上で途方もないことをやり遂げてきたこの生き物は、かって自然界の一員であることを止めて荒野を立ち去るときに、大自然の中で息づいていたころの生き物としての〝初心〟を、胸の片すみにそっとしまって旅立ったのではなかったか。それが自然を愛し、動物や植物にひかれる心として、今日もなお人間社会の片すみに息づいているのだと、私には思われてならないのだ。だとすれば、これはやはり、人間の本性の根源に根ざすものなのである。

野生の世界を理解し、またその滅亡を防ごうとすることは、人間のうちなる自然に目覚め、かつて人類があとにしてきた生き物としての故郷を心に呼び戻すことなのだ。だから、理屈抜きでただ生き物が好きでたまらず、またそれが滅びるのが哀しくてたまらない人々が、その想いを周囲に向かって素直に表明することは、人間がいま忘れ去ろうとしているある大切なことを、人々に想い起こさせるものなのだと私は思っている。

おわりに、この本の書き始めから仕上がりまでの間、本当にお手数をおかけし、また絶えず適切な助言をいただいた朝日新聞社出版局の福原清憲さんに、心から御礼を申し上げたい。またこの本を書く最初のきっかけをつくられたバード・ウォッチャーの黒田晶子さん、素適な表紙絵を彫って下さった版画家の大島龍さん、草稿を読んで感想や御意見をお寄せいただいた恩師の太田先生をはじめとする方々、さらに、雑事の多い私を救けて原稿の清書をひきうけて下さった女性の皆さん、どうもありがとうございました。

それから最後に、私はこの小著を私の妻と子供たちに捧げたいと思う。森林や動物たちとのつきあいに埋没して、日頃良い家庭人でないことへの、ささやかな詫びのつもりである。

復刊によせて

本書『たぬきの冬』の初版が刊行されたのは一九八一年である。今から四〇年以上前の事だ。しかし復刊にあたってこの四〇年間の生態学等を含む自然科学の進歩に照らしての検討は一切しなかった。この本が自然科学の解説や説明のために書かれたものではなく、自然とそこに生きる動物たちへの想いを語りかけたものだったからである。

当時、私は生態学の勉学と研究に取り組む学生・院生に囲まれ、また全国から訪れる多分野の研究者への対応に明け暮れる毎日だったが、およそ二か月の冬の夜毎を、原稿を書き続けて過ごしたのが思い出される。

復刊を心からうれしく思う。

また、挿絵の再録にご尽力いただいた友人の鈴木健司さんに心からお礼申し上げる。

二〇二二年十二月

石城謙吉

石城謙吉（いしがき・けんきち）

1934年　長野県諏訪市生まれ
1951年　諏訪清陵高校卒業
1961年　北海道大学農学部卒業
1969年　北海道大学大学院博士課程修了（農学博士）
1973〜96年　北海道大学苫小牧地方演習林長
現在　北海道大学名誉教授

『たぬきの冬』（朝日新聞社、1981年）
『ウトナイの鳥』写真・嶋田忠（平凡社、1983年）
『イワナの謎を追う』岩波新書（岩波書店、1984年）
『町のスズメ 林のスズメ』絵・薮内正幸（福音館書店、1986年）
『森に生きる』写真・嶋田忠（朝日新聞社、1992年）
『北海道・自然の成り立ち』共編著（北海道大学図書刊行会、1994年）
『森はよみがえる――都市林創造の試み』講談社現代新書（講談社、1994年）
『森林と人間――ある都市近郊林の物語』岩波新書（岩波書店、2008年）
『自然は誰のものか――環境問題講演集』（エコ・ネットワーク、2016年）

装画・装丁　　　　重実生哉
本文デザイン・組版　閑人堂

たぬきの冬――北の森に生きる動物たち

2022年12月14日　　初版第1刷発行

著　者　　石城謙吉
発　行　　閑人堂
　　　　　http://kanjindo.com/
　　　　　e-mail：kanjin@kanjindo.com
印刷・製本　　モリモト印刷株式会社

ISBN978-4-910149-03-5